設計技術シリーズ

―Pythonでデータサイエンス―

AI・機械学習のためのデータ前処理
［実践編］

［著］

徳島大学
北 研二
松本 和幸
吉田 稔
獅々堀 正幹
大野 将樹

科学情報出版株式会社

はじめに

　人工知能（AI）の研究自体は、計算機の黎明期のころから行われてきた。1950年代後半から60年代にかけての「第1次人工知能ブーム」、1980年代から90年代にかけての「第2次人工知能ブーム」とよばれる時期を経て、現在は「第3次人工知能ブーム」の真っただ中である。今回の第3次ブームが、従来の第1次および第2次のブームと大きく違うところは、多くの分野で、人間の能力に迫る知的情報処理システムが出現しているところにある。この背景には、さまざまなことが考えられるが、最も大きな要因は、各種のビッグデータの蓄積とそのビッグデータを利用可能とするIT技術の加速度的な進展、深層学習を始めとする新しい機械学習パラダイムの出現であろう。

　さて、AIシステムや機械学習システムを成功に導く鍵の1つがデータの前処理である。機械学習の本質は、大量のデータの背後に潜む構造や規則性あるいは普遍性を学習することにより、未知のデータに対する予測や推論を正しく行うところにある。しかし、学習の元となるデータの品質が悪いと、正しく学習することができず、その結果として得られるシステムの精度も芳しくなくなる。高精度なシステムを構築するためには、粗悪なデータを排除するとともに、データを加工し学習しやすい形に変換するという工程が重要となる。これこそがまさしく前処理が担っている部分である。極論すると、前処理の成否が機械学習システム全体の品質を担保しているとさえいえる。一説によると、AIや機械学習システム構築の現場では、エンジニアが作業に携わる時間の6割～8割はデータの収集と前処理に費やされているといわれている。効率的なシステム開発のためには、前処理技術の習得が必須である。

　本書は、従来の機械学習やデータサイエンスの書籍では十分に扱われていなかった前処理技術に特に焦点をあて、技術の単なる解説だけではなく、実際に動くプログラムを通して、読者が理解できるような実践的な書を目指した。本書の姉妹編である『入門編』では、基本的な前処理技術について紹介しているが、本書では、さらに高度な前処理技術と、テキスト・画像・音声・音楽等のメディアデータに対する前処理技術について解説した。

　なお、本書の執筆は、1章（北）、2章（松本）、3章（吉田）、4章（獅々堀）、5章（大野）の分担で執筆し、最後に北が全体をとりまとめた。表記や用語等、なるべく統一するように心がけたつもりだが、見逃した点も多々あるかと思う。この点はご容赦いただきたい。なお、プログラム部分については各人ごとのスタイルもあり、変更は必要最小限にとどめた。

　本書の出版に関しては、多くの人のお世話になった。特に、科学情報出版編集部には、本書の構成と編集において、ご尽力いただいた。ここに、厚くお礼を申し上げたい。

2021年8月

北 研二

本書の概要

　機械学習や AI の分野では、プログラミング言語として Python を用いることが多いが、本書でも、Python で各種のプログラムを記述している。また、Python の実行環境として、Google Colaboratory（略して Google Colab）を用いるが、他の環境で動かすことも容易になるように心がけてプログラムは作成した。なお、Google Colab については、『入門編』の 2 章で使い方を説明しているので、必要であれば、適宜、そちらを参照してほしい。本書のプログラムで使用している各種ライブラリのバージョンについては、第 1 章（表 1.1）を参照されたい。

　なお、本書に掲載したプログラムは、以下からダウンロードして利用可能である。

プログラムのダウンロード

```
https://github.com/ppbook/
```

　1 章で前処理の概要について説明したあと、2 章では、高度な前処理技術として、カテゴリカルデータ、不均衡データ、時系列データなどの扱いについて紹介する。『入門編』や本書『実践編』の 2 章では、主に数値データを対象とした前処理を扱っているが、AI や機械学習で利用するデータは、数値データ以外にも、テキスト・画像・音声・音楽などの多岐にわたっている。3 章以降で、テキストデータ（3 章）、画像データ（4 章）、音声・音楽データ（5 章）の前処理について説明する。なお、各章は比較的、独立しているので、章の順番に読む必要はないと思われる。

目　　次

はじめに

1章　序章

2章　高度な前処理技術

3章　テキストデータの前処理

4章　画像データにおける前処理

5章　音声・音楽データの前処理

1章

序章

本章では、まず1.1で機械学習における前処理について簡単にまとめる。次に、1.2で本書に掲載しているプログラムの実行環境について述べる。

1.1 前処理の概要

　機械学習の典型的な問題として、クラス分類をあげることができる。ここでは、与えられたデータが2つのクラスのうち、どちらに属するかを決定する2クラス分類問題を例に、前処理で行われる各種の処理について説明しよう（図1.1参照）。

　ある病気の候補となる因子が多数あるときに、検査された因子群から、病気であるかないかを診断する問題は、2クラス分類問題である。各因子がどの程度存在するかということを数値で表したものが、図1.1の生データとなる。前処理では、最初に、機器の故障などにより、無効な値を持ったデータなどを削除する（データクリーニング）。また、各因子が複数の機器によって測定されたものである場合には、これらの複数機器からの結果を統合することによって1人あたりの検査結果を得ることができる（データ統合）。各因子の測定値は単位や尺度が異な

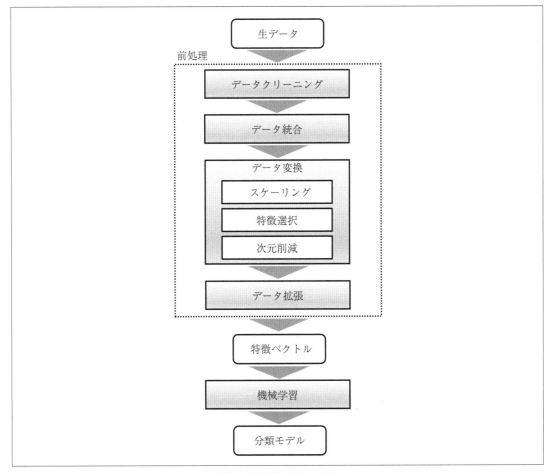

〔図1.1〕機械学習の流れ

っていたり、値の範囲や平均値が異なっていたりするので、標準化や正規化などの手法により、測定値を一定の範囲に揃える（**スケーリング**）。なお、血液型などの定性的なデータ（**カテゴリカルデータ**）は、そのままの形では機械学習で扱うことが難しいので、なんらかの手法により、数値データに変換する（2.1 参照）。

　場合によっては、因子数が非常に多くなることもありえる。このような場合には、病気の診断に特に有効な少数の因子のみを見つけることが行われる（**特徴選択**）。以上のような処理を経て、最終的に、病気の診断に役立つと予想される因子特徴が並んだ**特徴ベクトル**が得られることになる。また、各特徴ベクトルには、そのベクトルが病気の人から得られたか、あるいは正常な人から得られたかというラベルが同時に付与される。この後、SVM や深層ニューラルネットワークなどの機械学習手法を用いて、与えられた特徴ベクトルから病気かあるいは正常かを診断する分類モデルを学習することになる。

　さて、ここで機械学習の目的について考えてみると、それは将来出会うであろう未知の事象を正しく予測することである。少数のデータだけから学習すると過学習を起こし、そのデータだけに特化したモデルができてしまい、学習データ外の事象を正しく予測することができなくなってしまう。過学習に対処するには、大量のデータを用いて学習を行う必要があるが、大量のデータを収集することが難しいという状況もありえる。このようなときには、人工的にデータを増やす手法がとられる（**データ拡張**）。データ拡張は元データが画像の場合によく用いられており、元の画像に拡大・縮小・回転・明度変更などを加えることによって新しい画像を作り、学習データに追加する。テキストデータに対しても、文章内の単語を同義語や類義語に置き換えるなどして、学習データを拡張することができる。

　また、クラス分類問題において、クラス間のデータ数に極端な偏りが生じることも考えられる。たとえば、非常にまれな病気を診断するモデルを作成するために、たくさんの人からデータを収集しようとしても、正常な人のデータは容易に集めることができるが、病気の人のデータはなかなか集めることができない。このような状況下では、正確な予測をするモデルを学習することが困難になる。以上のような**不均衡データ**に対しては、オーバーサンプリングやアンダーサンプリングなどの手法を用いる（2.2 参照）。

1.2　プログラムの実行環境

　「本書の概要」でもふれているが、本書に掲載しているプログラムの実行環境として、Google Colab を用いている。本書執筆時点での各種ライブラリのバージョンを表 1.1 に示す。表に記載されているバージョンと読者が利用する環境でのライブラリのバージョンが異なると、プログラムが動かない可能性もあるので、注意が必要である。

　また、2 章と 4 章では、クラウドソーシングによるデータサイエンスや機械学習用のプラットホームである Kaggle[1] 上のデータを利用している。Kaggle の利用方法などは、本書の姉妹編

---

[1] https://www.kaggle.com/

である『入門編』を参照されたい。

〔表 1.1〕Python ライブラリのバージョン

ライブラリ	バージョン
Python	3.6.9
NumPy	1.19.5
pandas	1.1.5
scikit-learn	0.22.2.post1
matplotlib	3.2.2
TensorFlow	2.4.1
Keras	2.4.3

2章

高度な前処理技術

機械学習の現場では、さまざまな種類や形態のデータを扱う必要がある。本章では、まず定性的なデータであるカテゴリカルデータの扱いについて紹介する。次に、分類問題などにおいてクラス間のデータ数に極端な偏りのある不均衡データに対する前処理や、時間的な変化を記録した時系列データに対する前処理を紹介する。

2.1　カテゴリカルデータから数値データへの変換

　現実世界において取得できるデータが、数値のみで構成されているとは限らない。たとえば、血液型や出身地、職業、居住地、趣味のような情報は、そのままでは数値データとして扱うことができない。このような質的なデータを**カテゴリカルデータ**とよぶ。なお、**カテゴリ特徴量**とよぶこともある。本節では、カテゴリカルデータを機械学習モデルで扱うための前処理手法について紹介する。

2.1.1　One-hot エンコーディング

　カテゴリカルデータを数値から構成される特徴量ベクトルに変換する方法として、**One-hot エンコーディング**（One-hot encoding）がある。たとえば、居住地として都道府県名が想定される場合、都道府県に通し番号をつけ、「北海道」を 1、「青森県」を 2、また「沖縄県」を 47 などとする。ここで、居住地に対する 47 次元の特徴量ベクトルとして、「北海道」は 1 次元目のみ 1 で、残りの要素はすべて 0 となるようなベクトル $[1, 0, 0, \cdots, 0, 0]$ で表す。同様に、「沖縄県」は、ベクトル $[0, 0, 0, \cdots, 0, 1]$ で表す。図 2.1 に、One-hot エンコーディングの例を示す。このように、カテゴリ値に該当する次元（ビット）が ON (1) となり、それ以外が OFF (0) となるようなベクトルを **One-hot ベクトル**とよぶ。One-hot ベクトルは、カテゴリ特徴量を連続する値ではなく、独立した値として扱うことができる。一方で、次元数が大きくなる傾向があるため、決定木などの木構造に基づく機械学習手法では、木の階層が深くなってしまい、非効率になる。このことから、One-hot ベクトルは、機械学習手法によっては、特徴量に利用しづらいという欠点がある。

　プログラム 2.1 では、sklearn の OneHotEncoder クラスを用いて、カテゴリカルなデータを長さ k の特徴量ベクトルにエンコーディングする例を示す。このプログラムでは、プラットフォームやジャンルなどのカテゴリ特徴量を One-hot エンコーディングしたデータを用いて、複数の機械学習手法（ランダムフォレスト、勾配ブースティング、ナイーブベイズ分類器、SVM）

県名	1	2	3	⋯	45	46	47
北海道	1	0	0	⋯	0	0	0
青森県	0	1	0	⋯	0	0	0
岩手県	0	0	1	⋯	0	0	0
⋯				⋯			
宮崎県	0	0	0	⋯	1	0	0
鹿児島県	0	0	0	⋯	0	1	0
沖縄県	0	0	0	⋯	0	0	1

〔図 2.1〕One-hot エンコーディングの例

により、ビデオゲームの評価を予測するモデルを学習し、予測精度の評価を行っている。

プログラム 2.1

```
import pandas as pd
import numpy as np
# SVM のクラスをインポート
from sklearn.svm import SVC
# ナイーブベイズ分類器のクラスをインポート
from sklearn.naive_bayes import GaussianNB, MultinomialNB
# ランダムフォレスト、勾配ブースティングのクラスをインポート
from sklearn.ensemble import RandomForestClassifier, GradientBoostingClassifier
import pandas as pd
# One-hot エンコーディングのクラスをインポート
from sklearn.preprocessing import OneHotEncoder
from sklearn.model_selection import train_test_split
from sklearn.metrics import classification_report
from sklearn.impute import SimpleImputer


# データ準備と前処理
def prepare():
    !kaggle datasets download -d kendallgillies/video-game-sales-and-ratings
    !unzip video-game-sales-and-ratings.zip
    # ビデオゲームの評価データを使用
    # 分類に使用する特徴量
    df_train = pd.read_csv('Video_Game_Sales_as_of_Jan_2017.csv')
    # プラットフォーム、ジャンルなどのカテゴリ特徴量
    features = ['Platform', 'Year_of_Release', 'Genre', 'Publisher']
    print(set(df_train['Rating'].values))
    # 欠損値を除去
    df_train.dropna(how='any', inplace=True)
    # データ数が少ない評価のものは対象外とする
    drop_idx = df_train.index[df_train['Rating'].isin(['K-A', 'RP', 'AO', 'EC'])]
    # 条件にマッチした行を削除
    df_train.drop(drop_idx, inplace=True)
    X_train = df_train.loc[:,features].values
    y_train = df_train.loc[:,['Rating']].values
    print(df_train)
    return X_train, y_train, features


# One-hot エンコーディング
def makeOneHotVector(features, X_train):
    enc = OneHotEncoder(categories='auto', sparse=False, dtype=np.float32) ————①
    df = pd.DataFrame(X_train, columns=features)
    num = len(df)
    newX, data = [], {}
```

```
    for f in features:
        data[f] = enc.fit_transform(df.loc[:,[f]])
    # 作成した列ごとの One-hot ベクトルを横に連結する
    newX = np.array([])
    for f in features:
        if len(newX) == 0:
            newX = data[f]
            continue
        newX = np.concatenate((newX, data[f]), axis=-1)
        print('DIM:', len(data[f][0]) )
    return newX


# 機械学習手法による学習と予測
# 引数 clf に指定した機械学習手法を用いる
def train_eval(data, clf):
    X_train, y_train, X_test, y_test = data
    print('-------- {} ---------'.format(clf.__class__.__name__))
    clf.fit(X_train, y_train.ravel())
    print( 'Accuracy: %.2lf' % clf.score(X_test, y_test))
    y_pred = clf.predict(X_test)
    print(classification_report(y_test, y_pred, zero_division=1))


def main():
    X_train, y_train, features = prepare()
    # One-hot エンコーディングを用いてカテゴリ変数をベクトル化
    X_train = makeOneHotVector(features, X_train)
    print(len(X_train[0]))
    X_train, X_test, y_train, y_test = \
    train_test_split(X_train, y_train, random_state=0, train_size=0.9)
    data = [X_train, y_train, X_test, y_test]
    # ランダムフォレスト、勾配ブースティング、
    # ナイーブベイズ分類器 (Gaussian, Multinomial)、
    # SVM で学習・分類
    rf = RandomForestClassifier(max_depth=5, random_state=0)
    gbc = GradientBoostingClassifier()
    gnb = GaussianNB()
    mnb = MultinomialNB()
    svm = SVC(C=1.0)
    clfs = [rf, gbc, gnb, mnb, svm]
    for clf in clfs:
        train_eval(data, clf)
```

②

以下、プログラム 2.1 の重要箇所について説明する。

① OneHotEncoder クラスのインスタンスの生成

　OneHotEncoder クラスのインスタンス変数 enc を生成している。OneHotEncoder クラスの引

数 categories に 'auto' を指定すると、学習データに出現するカテゴリ特徴量から自動的に One-hot ベクトルの次元数を決定する。また、引数 sparse に False を指定すると、One-hot ベクトルとして通常の行列を返す。デフォルトでは True が指定されており、その場合には疎行列を返す。この疎行列は、0 でない次元のインデックスと、その値のみを記録する構造になっている。疎行列にすることで、次元数の削減も自動で行うことができるため、メモリ使用量を削減する必要があるときは、sparse に True を指定すればよい。

② One-hot ベクトルの作成

　fit_transform を用いて、特徴量ごとに One-hot ベクトルを生成する。特徴量ベクトルを格納するリスト newX に対し、concatenate（引数 axis に -1 を設定）を用いて、各 One-hot ベクトルを水平（横軸）方向に連結している。

　プログラム 2.1 の実行結果の一部を図 2.2 に示す。One-hot エンコーディングを用いることにより、元のデータよりも次元数が大幅に増加するが、ある程度の精度でビデオゲームの評価予測を行うことができている。

　OneHotEncoder クラスを用いると、特徴量ごとに One-hot 表現を得ることができるが、fit_transform によりデータフレームを直接扱うことができない。このため、One-hot 表現の連結処理などの手間がかかる。より簡単にデータフレームから One-hot 表現を作成できる category-encoders というライブラリがある。このライブラリでは、One-hot エンコーディング以外のいくつかのエンコーディング手法を用いることができるだけでなく、欠損値の処理もオプションにより行うことができる。

　プログラム 2.2 は category-encoders の使用例であり、国の名前や病院の種類など、病院に関する一般的な情報と、その病院に対する総合評価（1〜5 までの 5 段階評価、5 が最高で 1 が最低）が登録されたデータを用いている。このプログラムでは、国の名前などのカテゴリ特徴量を、category-encoders の OneHotEncoder クラスを用いて One-hot 表現に変換する。この One-hot 表現に変換された特徴量をもとに、病院に対する総合評価を予測するモデルをニューラルネッ

```
--------- SVC ---------
Accuracy: 0.70
              precision    recall  f1-score   support

           E       0.79      0.84      0.81       234
         E10+       0.57      0.45      0.51        95
           M       0.71      0.72      0.71       136
           T       0.66      0.67      0.66       246

    accuracy                           0.70       711
   macro avg       0.68      0.67      0.67       711
weighted avg       0.70      0.70      0.70       711
```

〔図 2.2〕One-hot ベクトルを特徴量としたビデオゲーム評価の分類

トワーク（多層パーセプトロン；multilayer perceptron）の MLPClassifier クラスを用いて学習している。

プログラム 2.2

```
!pip install category_encoders
import pandas as pd
# category_encoders をインポート
import category_encoders as cate_enc
# ニューラルネットワークのクラスをインポート
from sklearn.neural_network import MLPClassifier
from sklearn.metrics import classification_report
from sklearn.model_selection import train_test_split


# データの準備
def prepare():
    !kaggle datasets download -d cms/hospital-general-information
    !unzip hospital-general-information.zip

def preprocess():
    df = pd.read_csv('HospInfo.csv')
    print(df)
    # 病院のデータ
    features = ['City', 'State',
                'County Name', 'Hospital Type',
                'Emergency Services',
                'Meets criteria for meaningful use of EHRs',
                'Mortality national comparison',
                'Safety of care national comparison',
                'Readmission national comparison',
                'Patient experience national comparison',
                'Effectiveness of care national comparison',
                'Timeliness of care national comparison',
                'Efficient use of medical imaging national comparison']
    ignores = []
    for f in df.columns.values:
        if not f in features:
            ignores.append(f)                                            ①
    ignores.remove('Hospital overall rating')
    ratings = ['1', '2', '3', '4', '5']
    mp = {'1':0, '2':1, '3':2, '4':3, '5':4}
    df = df[df['Hospital overall rating'].isin(ratings)]                 ②
    df['Hospital overall rating'].replace(mp, inplace=True)
    df.drop(ignores, axis=1, inplace=True)
```

```
    # One-hot エンコーディング
    ohe = cate_enc.OneHotEncoder(cols=features, handle_unknown='impute')  ┐
    ndf = ohe.fit_transform(df)                                          ├──── ③
    # 病院の評価を予測対象とする
    y = ndf.loc[:,['Hospital overall rating']].values.ravel()
    ndf.drop(columns=['Hospital overall rating'], inplace=True)
    return ndf, y, ratings

def main():
    prepare()
    ndf, y, ratings = preprocess()
    # One-hot エンコーディング結果の確認
    print(ndf.loc[:,ndf.columns.values[:5]].head())
    print(ndf.loc[:,ndf.columns.values[3565:3570]].head())
    # テストデータと学習データに分割して
    # ニューラルネットワークによる rating の学習と予測
    X = ndf.loc[:,ndf.columns.values].values
    X_tr, X_te, y_tr, y_te = train_test_split(X, y, random_state=0, train_size=0.7)
    clf = MLPClassifier(solver='adam', alpha=1e-5,
                        hidden_layer_sizes=(100,),
                        activation='tanh',
                        random_state=1, max_iter=3000)
    clf.fit(X_tr, y_tr)
    y_pre = clf.predict(X_te)
    print(classification_report(y_te, y_pre, target_names=ratings, zero_division=1))
```

　以下、プログラム 2.2 の重要箇所について説明する。

① 使用しない列（特徴量）の削除

　リスト features には特徴量として用いる列が格納されている。リスト features に含まれない列をリスト ignores に格納し、このリストから予測対象の列である 'Hospital overall rating' を削除する。メソッド remove を用いて、ignores に含まれる列をデータフレームから削除する。

② 予測対象列の数値への変換

　リスト ratings に、予測対象の値（数字文字列）を格納している。辞書 mp には、ratings に格納した数字文字列をキーとして、それぞれのキーに対応する値 (0, 1, 2, 3, 4) を登録している。また、メソッド isin により、予測対象列 'Hospital overall rating' の値が ratings に格納されている数字文字列と一致するデータのみをデータフレーム df に格納している。この df に対して、予測対象列の値を mp に登録された値にマッピングしている。

③ One-hot エンコーディング

　OneHotEncoder クラスのインスタンスを生成する。エンコーディング対象列を指定する引数 cols にリスト features を設定している。また、欠損値や学習データに出現しない未知の値の扱いを指定する引数 handle_unknown に 'impute' を設定している。'impute' を設定すると、欠損値

や未知の値に対する補完を行う。

　図2.3に、One-hotエンコーディングした特徴量を一部表示したものと、この特徴量を用いて、ニューラルネットワークにより学習した病院の5段階評価を予測するモデルの精度を示す。One-hotエンコーディングの結果、特徴量の数が合計3,600個になり、非常に大きなデータとなっている。予測精度は全体で0.60であり、ある程度の予測が可能であることがわかる。

２.１.２　そのほかのエンコーディング手法
ラベルエンコーディング
　ラベルエンコーディング（label encoding）は、カテゴリカルなデータに対し、特定の規則に基づき、数字を割り当てる方法である。たとえば、「C」,「C++」,「Java」,「Python」というデータに対し、「C」→ 0,「C++」→ 1,「Java」→ 2,「Python」→ 3のように数字を割り当てる。データ中に出現した順番や、文字列ならば文字のソート順、あるいは出現頻度順に数字を割り当てたりする（順位エンコーディング）。

頻度エンコーディング
　頻度エンコーディング（frequency encoding）またはカウントエンコーディング（count encoding）では、カテゴリ特徴量を、そのカテゴリがデータ中に出現する頻度に置き換える。カテゴリ特徴量の頻度が予測クラスなどと相関がある場合には効果的なエンコーディング手法

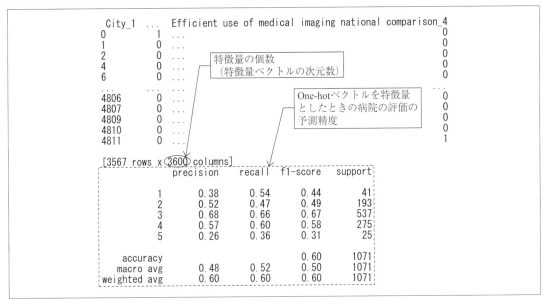

〔図2.3〕One-hotエンコーディングした特徴量による病院評価の予測

である。ランダムフォレストや決定木などの木構造に基づく機械学習手法では、頻度エンコーディングによる特徴量が用いられることが多い。頻度エンコーディングでは、カテゴリが異なっていても、出現頻度が同じであれば、同一の特徴量とみなされてしまう。このような現象を衝突とよぶ。

順位エンコーディング

　順位エンコーディング（ranked frequency encoding）は、カテゴリ特徴量を出現頻度順に並べたときの順位に変換するエンコーディング手法である。**ラベルカウントエンコーディング**（label-count encoding）とよばれることもある。頻度エンコーディングでは、出現頻度が同じ場合に衝突が起こるという問題があった。順位エンコーディングでは、同じ頻度の場合でも順序に差をつけることで異なる数値への変換を行う。

　図 2.4 に、国名コードに対するラベルエンコーディング、頻度エンコーディングおよび順位エンコーディングの例を示す。プログラム 2.3 に、sklearn の LabelEncoder モジュールを用いたラベルエンコーディングの例と、ライブラリ collection の Counter クラスを用いた頻度エンコーディングおよび順位エンコーディングの例を示す。使用するデータは、バングラデシュの食品安全局のレストランの評価に関するデータである。地域名、都市名、食品のタイプなどがカテゴリ特徴量として登録されている。

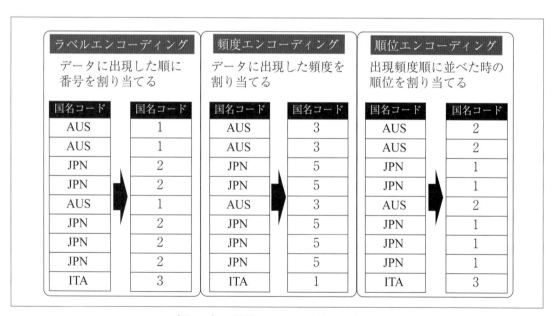

〔図 2.4〕3種類のエンコーディングの例

```python
# ラベルエンコーディング用にインポート
from sklearn.preprocessing import LabelEncoder
import numpy as np
import pandas as pd
from sklearn.model_selection import train_test_split
# 頻度エンコーディングと順位エンコーディング用に
# ライブラリ collections をインポート
import collections as colle

# データの準備
def prepare():
    !kaggle datasets download -d shabab477/bangladesh-food-safety-authority-restaurant-rating
    !unzip bangladesh-food-safety-authority-restaurant-rating.zip
    # バングラデシュ食品安全局のレストランの評価のデータを使用
    # 分類に使用する特徴量
    features = ['area', 'city', 'food_type_name']
    df_train = pd.read_csv('bd-food-rating.csv')
    # 欠損値を最頻値で穴埋め
    for f in features:
        df_train[f].fillna(df_train[f].mode())
    X_train = df_train.loc[:,features].values
    y_train = df_train.loc[:,['bfsa_approve_status']].values
    return X_train, y_train, features

# ラベルエンコーディング
def label_encoding(X_train, features):
    ndf = pd.DataFrame(X_train, columns=features)
    ledf = pd.DataFrame([], columns=features)
    ledic = {}
    for f in features:
        le = LabelEncoder()
        encoded = le.fit_transform(ndf[f].values)    ──①
        ledic[f] = le
        ledf[f] = encoded
    return ledic, ledf

# 頻度エンコーディング
def freq_encoding(X_train, features):
    ndf = pd.DataFrame(X_train, columns=features)
    fdf = pd.DataFrame([], columns=features)
    fdic = {}
    for f in features:
```

```
            cnt = colle.Counter(ndf[f].values)
            freq_dict = dict(cnt.most_common())
            print(freq_dict)
            fdic[f] = freq_dict
            encoded = ndf[f].map(lambda x: cnt[x]).values
            fdf[f] = encoded
        return fdic, fdf

# 順位エンコーディング
def ranked_freq_encoding(X_train, features):
    ndf = pd.DataFrame(X_train, columns=features)
    ldf = pd.DataFrame([], columns=features)
    ldic = {}
    for f in features:
        cnt = colle.Counter(ndf[f].values)
        label_dict = {keyfreq[0]:i for i, keyfreq \
                        in enumerate(cnt.most_common(), start=1)}
        ldic[f] = label_dict
        encoded = ndf[f].map(lambda x: label_dict[x]).values
        ldf[f] = encoded
    return ldic, ldf

def main():
    X_train, y_train, features = prepare()
    df = pd.DataFrame(X_train, columns=features)
    print(len(df))
    # ラベルエンコーディング
    print('Label encoding')
    ledic, ledf = label_encoding(X_train, features)
    print(ledf[:5])
    decoded = ledf['area'][:5]
    print(decoded)
    print('------')

    # 頻度エンコーディング
    print('Freq. encoding')
    fdic, fdf = freq_encoding(X_train, features)
    print(fdf[:5])
    # 確認 ( 頻度が衝突するので複数のキーがマッチ )
    for v in fdf['area'][:5]:
        keys = [ky for ky, val in fdic['area'].items() if val == v]
        print('{}:  {}'.format(v, ', '.join(keys)))
    print('------')

    # 順位エンコーディング
    print('Ranked frequency encoding')
    ldic, ldf = ranked_freq_encoding(X_train, features)
```

②

③

```
    print(ldf[:5])
    for v in ldf['area'][:5]:
        keys = [ky for ky, val in ldic['area'].items() if val == v]
        print('{}:  {}'.format(v, ', '.join(keys)))
```

以下、プログラム2.3の重要箇所について説明する。

①ラベルエンコーディング

LabelEncoder クラスのインスタンス変数 le を生成している。データフレーム ndf のカテゴリ特徴量 f の値に対して、fit_transform を用いてラベルエンコーディングを行っている。

②頻度エンコーディング

Counter クラスを用いて、カテゴリ特徴量の出現頻度を得る。map を用いて、カテゴリ特徴量を頻度に置換している。

③順位エンコーディング

頻度エンコーディングと同様に、Counter クラスを用いて、カテゴリ特徴量の出現頻度を得る。次に、most_common により得られた出現頻度の大きい順に並んだ（'カテゴリ名', 出現頻度）のタプル形式のデータから、キーがカテゴリ特徴量、値が順位となっている辞書 label_dict を作成する。最後に、map を用いて、label_dict をもとにカテゴリ特徴量を順位に置換している。

図2.5に、プログラム2.3の実行結果の一部を示す。これらのエンコーディング手法を用いれば、容易にカテゴリ特徴量を数値で表すことができる。特徴量の種類を減らしたい場合には、ラベルエンコーディングよりも、頻度エンコーディングを用いるとよい。

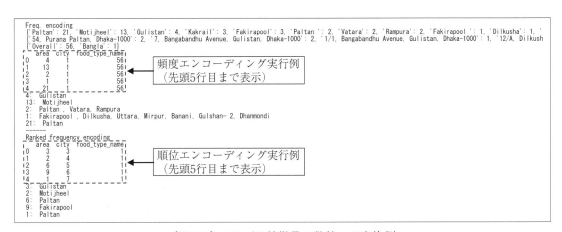

〔図2.5〕カテゴリ特徴量の数値への変換例

２.１.３　特徴量ハッシング

　特徴量ハッシング（feature hashing）は、カテゴリ特徴量にハッシュ関数を適用することで、数値などの単純な特徴量に変換する。たとえば、カテゴリ特徴量が文書中の単語である場合には、単語を構成する各文字のアスキーコードの総和をdで割った余りを返すようなハッシュ関数を用いると、単語を 0 から $d-1$ までのハッシュ値に変換できる。図2.6に、ハッシュ関数によって単語をハッシュ値に変換する例を示す。dの値が小さいと衝突が起こりやすくなり、大きいと起こりにくくなる。複数の特徴量があるとき、すべての特徴量を同じハッシュ空間で扱う**大局的ハッシュ空間**（global hashing space）と、特徴量ごとにハッシュ空間を個別に作成する**列ごとのハッシュ空間**（per-field hashing space）とに分けられる。列ごとのハッシュ空間を用いると、異なる複数の特徴量（たとえば、人名や製品名など）が混同されないという利点がある。

　sklearn の FeatureHasher クラスを用いて、特徴量ハッシングを行うことができる。このクラスは、MurmurHash3 という高速なハッシュアルゴリズムを用いた特徴量ハッシングを行っている。プログラム2.4に、ポケットモンスター（ポケモン）の名前や種族、能力などの特徴パラメータが登録されているデータを用いた特徴量ハッシングの例を示す。このプログラムでは、大局的ハッシュ空間による特徴量ハッシングを用いることで、ポケモンが伝説のポケモンであるか否かを予測するモデルを SVM により学習する。特徴量ハッシングを行う前後で、予測精度に差が出るかを確認することで、モデルの有効性を検証する。

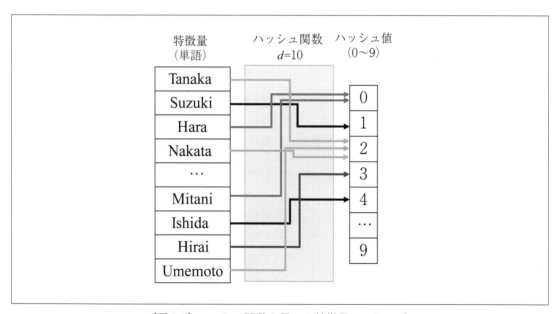

〔図2.6〕ハッシュ関数を用いた特徴量ハッシング

```python
import pandas as pd
import numpy as np
import collections as colle
from sklearn.preprocessing import LabelEncoder
# SVM を用いるためにインポート
from sklearn.svm import SVC
from sklearn.model_selection import train_test_split
from sklearn.metrics import classification_report
from sklearn.metrics import classification_report as clf_report
from sklearn.impute import SimpleImputer
# 特徴量ハッシングのために FeatureHasher クラスをインポート
from sklearn.feature_extraction import FeatureHasher

!kaggle datasets download -d mariotormo/complete-pokemon-dataset-updated-090420
!unzip complete-pokemon-dataset-updated-090420.zip

# データの準備
def prepare(le_flag=False):
    df = pd.read_csv('pokedex_(Update_05.20).csv')
    # 欠損値を文字列 'NULL' に置換
    for f in df.columns.values:
        df[f].fillna('NULL', inplace=True)

    # 予測モデルを学習する際に用いる特徴量
    features = ['name', 'german_name', 'japanese_name',
                'status', 'species',
                'type_1', 'type_2',
                'ability_1', 'ability_2',
                'ability_hidden',
                'egg_type_1', 'egg_type_2']
    df = pd.DataFrame(df, columns=features)
    nf = []
    # 特徴量をラベルエンコーディング
    if le_flag:
        for u in df.columns.values:
            if u != 'status':
                le = LabelEncoder()
                enc = le.fit_transform(df[u].values)
                df[u] = enc
    # n_features 個の特徴量を用いる
    # 'status' は予測クラスのラベルとして使う
    for f in features:
        if f != 'status':
            nf.append(f)
    features = nf
    df['status'].replace({'Legendary':1, 'Sub Legendary':1, 'Mythical':1, 'Normal':0},
```

```
                            inplace=True)
    X_train = df.loc[:,features].values
    y_train = df.loc[:,['status']].values.ravel()

    # 伝説のポケモンが少ないため、クラスのバランスを調整する
    positive_cnt = np.sum(y_train)
    negative_cnt = 0
    cnt = colle.defaultdict(int)
    X_tra = []
    y_tra = []
    for i in range(len(X_train)):
        if y_train[i] == 0:
            if negative_cnt == positive_cnt:
                continue
            negative_cnt += 1

        X_tra.append(X_train[i])
        y_tra.append(y_train[i])
    print('Num of Features: {}'.format(len(features)))
    return X_tra, y_tra, features

# 欠損値の補完を行い、テストデータと学習データに分割
def preprocess(X_train, y_train, features):
    # データの種類を数える
    dl = []
    for i in range(len(X_train)):
        for j in range(len(X_train[i])):
            dl.append(X_train[i][j])
    cnt = colle.Counter(dl)
    n_features = len(cnt)
    X_train, X_test, y_train, y_test = train_test_split(
                    X_train, y_train, random_state=3,
                    train_size=0.5, stratify=y_train)
    X_train = pd.DataFrame( X_train, columns=features)
    X_test = pd.DataFrame(X_test, columns=features)
    return X_train, y_train, X_test, y_test, n_features
```

```python
# 特徴量ハッシング ( 特徴量の種類を減らす )
def featureHashing(X_train, X_test, n_features, features):
    X_train_dict = pd.DataFrame(X_train, columns=features)
    X_test_dict = pd.DataFrame(X_test, columns=features)
    fh = FeatureHasher(
            n_features=n_features, input_type='string')
    fh_train, fh_test = [], []
    for f in features:
        if len(fh_train) == 0:
            fh_train = fh.transform(X_train_dict[f]).toarray()
            fh_test = fh.transform(X_test_dict[f]).toarray()
        else:
            fh_train = fh_train + fh.transform(X_train_dict[f]).toarray()
            fh_test = fh_test + fh.transform(X_test_dict[f]).toarray()
    return fh_train, fh_test                                              ①


def main():
    tnames = ['Normal', 'Legend']
    X_train, y_train, features = prepare(le_flag=False)
    X_train, y_train, X_test, y_test, original_n_features =\
                preprocess(X_train, y_train, features)
    print('original dimension: %d' % len(X_train.columns))
    print('original kinds of features: %d' % original_n_features)
    # 特徴量ハッシングにより特徴量の種類を
    # 全体で n_features 種類に減らす
    n_features = 6
    fhtrain, fhtest = featureHashing(\
                    X_train, X_test, n_features, features)
    df = pd.DataFrame(fhtrain, columns=list(range(n_features)))
    df.to_csv('./feature_hashing.csv')
    # カテゴリ特徴量をもとに、ポケモンが伝説の                              ②
    # ポケモンか否かを判別するモデルを SVM により学習する
    svc = SVC()
    svc.fit(fhtrain, y_train)
    print('Accuracy(With Feature Hashing):\t%.3lf' % (
            svc.score(fhtest, y_test)))
    y_pred = svc.predict(fhtest)

    print(classification_report(y_test, y_pred, target_names=tnames))

    # 特徴量ハッシングしない場合
    # ラベルエンコーディングしてから学習
    X_train, y_train, features = prepare(le_flag=True)
    X_train, y_train, X_test, y_test, original_n_features = \
                preprocess(X_train, y_train, features)
    svc = SVC()
    svc.fit(X_train, y_train)
```

```
print('Accuracy(Without Feature Hashing):\t%.3lf' % (svc.score(X_test, y_test)))
y_pred = svc.predict(X_test)
print(classification_report(y_test, y_pred, target_names=tnames))
```

　以下、プログラム 2.4 の重要箇所について説明する。

①特徴量ハッシング

　学習データとテストデータそれぞれに対し、データフレームに変換した X_train_dict, X_test_dict を作成する。FeatureHasher クラスのインスタンス fh を生成し、この例では、特徴量ベクトルの次元数を決定する引数 n_features に 6 を設定している。transform を用いて、学習データとテストデータを 6 次元の特徴量ベクトルに変換している。

② SVM による予測モデルの学習

　特徴量ハッシングをする場合としない場合とで、予測モデルの精度に差があるか否かを確認するため、特徴量ハッシングを行った fhtrain（6 次元）と、特徴量ハッシングを行っていない X_train（11 次元）をそれぞれ学習データとして用いて SVM による予測モデルを学習している。特徴量ハッシングを行った fhtest（6 次元）と、特徴量ハッシングを行っていない X_test（11 次元）をテストデータとして用いて予測精度の確認をしている。

　図 2.7 に、プログラム 2.4 の実行結果の一部を示す。特徴量ハッシングを行うことにより、精度が向上していることがわかる。特徴量の次元数を 11 次元から 6 次元に縮小しているにもかかわらず、逆に精度は向上していることから、特徴量ハッシングの有効性を確認できる。

2.1.4　エンティティ埋め込み

　エンティティ埋め込み（entity embedding）を用いると、カテゴリ特徴量を**分散表現**（distributed representation）により表すことができ、カテゴリ特徴量間の類似性を考慮することができる。分散表現は、**埋め込み**（embedding）ともよばれる。分散表現は、離散的なカテゴリ特徴量（あるいは、カテゴリ特徴量を One-hot エンコーディングやラベルエンコーディングしたデータ）を、ニューラルネットワークの埋め込み層（embedding layer）を用いて密な実数値ベクトル（分散表現）に変換することにより得られる。エンティティ埋め込みの例を図 2.8 に示す。

　プログラム 2.5 にエンティティ埋め込みの具体例を示す。深層ニューラルネットワークのフレームワークの 1 つである Keras を用いて、ラベルエンコーディングしたデータを入力として教師有り学習を行うことで、カテゴリ特徴量から分散表現に変換している。エンティティ埋め込みについては、データの種類に応じた実装がいくつか公開されている。このプログラムでは、旅行の保険会社の顧客データを用いて、顧客がクレームをするか否かを予測するモデルを学習している。

Accuracy(With Feature Hashing)：0.850 特徴量ハッシング有り			
precision	recall	f1-score	support
Normal	0.83	0.88	0.85	57
Legend	0.87	0.82	0.84	56
accuracy			0.85	113
macro avg	0.85	0.85	0.85	113
weighted avg	0.85	0.85	0.85	113

Num of Features：11			
Accuracy(Without Feature Hashing)： 0.549 特徴量ハッシング無し			
precision	recall	f1-score	support
Normal	0.69	0.19	0.30	57
Legend	0.53	0.91	0.67	56
accuracy			0.55	113
macro avg	0.61	0.55	0.48	113
weighted avg	0.61	0.55	0.48	113

〔図2.7〕特徴量ハッシングの有無による予測モデルの精度比較

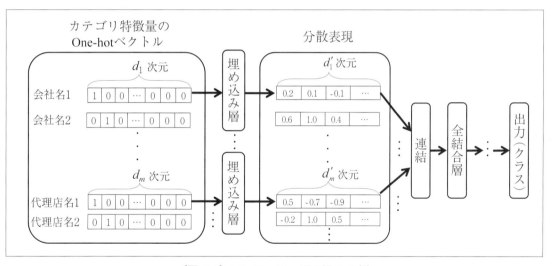

〔図2.8〕エンティティ埋め込みの例

プログラム 2.5

```python
import pandas as pd
import numpy as np
import re
from sklearn.svm import SVC
from sklearn.metrics import classification_report
from sklearn.model_selection import train_test_split
# ニューラルネットワークの構築のためにインポート
import tensorflow as tf
import keras
from keras.utils.np_utils import to_categorical
from tensorflow.keras.models import Model
from tensorflow.keras.layers import Embedding, Input, Flatten
from tensorflow.keras.layers import Activation, Reshape
from tensorflow.keras.layers import Dense, Concatenate, Dropout
from keras.layers.merge import concatenate
from tensorflow.keras.optimizers import Adam
# 可視化用にインポート
import matplotlib.pyplot as plt
%matplotlib inline
# 散布図のテキストラベル位置調整のためにインストール
!pip install adjustText
from adjustText import adjust_text
# ラベルエンコーディングのためにインストール
!pip install category_encoders
# category_encoders をインポート
import category_encoders as cate_enc
import collections as colle


# データの準備
def prepare():
    !kaggle datasets download -d mhdzahier/travel-insurance
    !unzip travel-insurance.zip
```

```python
# エンティティ埋め込みクラス
class EntityEmbedder:
    def __init__(self, input_dims, emb_dims, output_dim):
        # 各特徴量の入力次元数
        self.dims = input_dims
        # 各特徴量の埋め込み次元数
        self.embdims = emb_dims
        # 出力次元数（ラベルの種類数）
        self.output_dim = output_dim                                    ①
        self.dropout_rate = 0.2
        self.activation = 'relu'
        self.optimizer = 'Adam'
        self.loss = 'binary_crossentropy'
        self.weights = None
        self.buildEmbModel()

    # モデルの構築 ( ラベルエンコーディング後のデータを入力)
    def buildEmbModel(self):
        inputs, embeds = [], []
        for i, (input_dim, emb_dim) in enumerate(zip(self.dims, self.embdims)):
            input_c = Input(shape=(1,), name='in{}'.format(i+1))
            # 埋め込み (Embedding) 層の定義
            embed = Embedding(input_dim=input_dim,
                              output_dim=emb_dim,
                              input_length=None,                        ②
                              name='emb{}'.format(i+1))(input_c)
            output = Reshape(target_shape=(emb_dim,))(embed)
            inputs.append(input_c)
            embeds.append(output)
        # 埋め込み層の出力を連結する
        out = Concatenate(name='conc_layer', axis=-1)(embeds)           ③
        out = Dropout(self.dropout_rate)(out)
        # 隠れ層のユニット数
        hd = [8]
        for n in range(len(hd)):
            out = Dense(hd[n])(out)
        out = Activation(self.activation)(out)
        out = Dense(self.output_dim)(out)
        out = Activation('softmax')(out)
        self.model = Model(inputs=inputs, outputs=out)
        self.model.compile(optimizer=self.optimizer,
                           loss=self.loss, metrics=['accuracy'])
        self.model.summary()

    # 学習を行うメソッド （入力ベクトルは特徴量の数だけある)
    def fit(self, X, y, epochs=30, shuffle=True, batch_size=5):
```

```
        self.model.fit(X, y,
                       epochs = epochs, shuffle=shuffle,
                       batch_size=batch_size, verbose=1)
        # 学習済みネットワークの重みを格納
        self.weights = self.model.get_weights()
        # 埋め込み層の出力を連結したベクトルを取得するための
        # メソッドを定義する
        inputs = [self.model.get_layer('in%d' % \
                 (i+1)).input for i \
                 in range(len(self.dims))]
        # 埋め込み層からの出力を連結する層の出力を取得
        self.get_hidden_out = Model(inputs=self.model.inputs, \
                            outputs=self.model.get_layer('conc_layer').output)


    # 順序エンコーディングベクトル ov から
    # エンティティ埋め込みベクトルを取得して返す
    def get_vector(self, ov):
        vec = self.get_hidden_out(ov)
        return vec


    # 特徴量（列）番号（fid）とカテゴリー ID(cid) を渡すと、
    # そのカテゴリの特徴量ベクトルを返す
    def get_embedding(self, fid, cid):
        emb = self.weights[fid][cid, :]
        return emb


# クラスごとのデータ数をそろえる
def resampling(newX, y, lim, labels):
    fc = [0] * len(labels)
    nX, nY = [], []
    for i in range(len(y)):
        if fc[y[i]] == lim:
            continue
        fc[y[i]] += 1
        nX.append(newX[i])
        nY.append(y[i])
    return nX, nY


# 前処理
# データフレームの作成、クラスの偏りを修正
def preprocess():
    # 旅行者のクレームの有無のデータ
    df = pd.read_csv('travel insurance.csv', encoding='utf-8')
    print(df)
    features = ['Agency','Agency Type', 'Distribution Channel',
               'Product Name', 'Destination']
    labels = [0,1]
```

④

```python
    target_names=['No', 'Yes']
    df['Claim'].replace({'Yes':1, 'No':0}, inplace=True)
    # データの少ないクラスに合わせるため、
    # 各クラスのうち少数派クラスのデータ数をlimに格納
    y_bool = df['Claim'] == 1
    n_bool = df['Claim'] == 0
    lim = y_bool.sum()
    if y_bool.sum() > n_bool.sum():
        lim = n_bool.sum()
    y = df['Claim'].values
    df.drop('Claim', axis=1, inplace=True)
    df = pd.DataFrame(df, columns=features)
    df.fillna('N')
    n_features = len(df.columns)
    print('Num of Features {}'.format(n_features))
    return df, y, lim, labels, features, target_names


# ラベルエンコーディング
def ordinal_encoding(df, features, lim, y, labels, encoder):
    input_dims = []
    newX = np.array([])
    # ラベルエンコーディングのクラスインスタンスを生成
    if encoder == None:
        encoder = cate_enc.OrdinalEncoder(cols=features, \
            handle_unknown='value', handle_missing='value')
        df_enc = encoder.fit_transform(df)
    else:
        df_enc = encoder.fit_transform(df)
    newX = df_enc.values
    dl = {}
    for i in range(len(newX)):
        n = 0
        for j in range(len(newX[i])):
            if not n in dl:
                dl[n] = []
            dl[n].append(newX[i][j])
            n+=1
    for n,v in dl.items():
        cnt = colle.Counter(v)
        mc = cnt.most_common()
        kinds = len(mc)
        input_dims.append(kinds)
    # クラスの偏りを無くすために少数派クラスの
    # 件数limに揃える
    nX, nY = resampling(newX, y, lim, labels)
    # カテゴリのIDを0から開始するように変換する
    nX = np.array(nX)
```

```
        nX = np.reshape(nX, (len(nX), len(nX[0]),))
        nY = np.array(nY)
        nY = np.reshape(nY, (len(nY), 1, ))
        nX = np.asarray(list(map(lambda x: x-1, nX)))
        return nX, nY, input_dims, encoder

def conv_form(X, input_dims):
    nX = []
    for i,id in enumerate(input_dims):
        x = np.asarray(X[:,i], dtype=np.int32)
        x = np.asarray([j for j in x],\
                    dtype=np.int32).reshape((len(x),1))
        nX.append(x)
    return nX

# エンティティ埋め込みの学習
def convertByEntityEmbedding(X_train, y_train, X_test, y_test, labels, input_dims):
    y_train = to_categorical(y_train, num_classes=len(labels))
    X_train = np.array(X_train)
    X_train = conv_form(X_train, input_dims)
    y_test = to_categorical(y_test, num_classes=len(labels))
    X_test = np.array(X_test)
    X_test = conv_form(X_test, input_dims)

    # 埋め込みベクトルの次元数を 2 に設定する
    emb_dims = []
    for id in input_dims:
        emb_dims.append(2)
    output_dim = len(labels)
    ee = EntityEmbedder(input_dims, emb_dims, output_dim)
    # epochs = 7 で学習
    ee.fit(X_train, y_train, epochs=7)
    # 学習したモデルから、埋め込みベクトルを取得する
    x_trainvect = ee.get_vector(X_train)
    x_testvect = ee.get_vector(X_test)
    return x_trainvect, x_testvect, y_train, y_test, ee

# SVM による評価 ( エンティティ埋め込み有り )
def predict_by_SVM(x_trainvect, x_testvect, y_train, y_test, target_names):
    y_train_new, y_test_new = [], []
    i = 0
    for yf in y_train:
        y_train_new.append(np.argmax(yf))
    for yf in y_test:
        y_test_new.append(np.argmax(yf))
    svm = SVC()
    svm.fit(x_trainvect, y_train_new)
```

```
        y_pred = svm.predict(x_testvect)
        print('---With entity embedding---')
        print(classification_report(y_test_new, y_pred,target_names=target_names))


# SVMによる評価（エンティティ埋め込み無し）
def predict_by_SVM_withoutEE(X_train, X_test, y_train, y_test, target_names):
        y_train_new, y_test_new = [], []
        X_train = np.reshape(X_train, (len(X_train),\
                                 len(X_train[0])))
        y_train = np.reshape(y_train, (len(y_train) ))
        X_test = np.reshape(X_test, (len(X_test), len(X_test[0])))
        y_test = np.reshape(y_test, (len(y_test) ))
        svm = SVC()
        svm.fit(X_train, y_train)
        y_pred = svm.predict(X_test)
        print('---Without entity embedding---')
        print(classification_report(y_test, y_pred, target_names=target_names))


# エンティティ埋め込み結果を可視化
def makeGraph(data, texts, cate):
        if len(data) > 20:
            p = np.random.permutation(len(data))
            data = data[p[:20]]
            texts = texts[p[:20]]
        for (dim1,dim2,label) in zip(data[:,0], data[:,1], texts):
            plt.plot(dim1, dim2, '.' )
        ptxt = [plt.text(x, y, lb, ha='center', va='center') \
                for x,y,lb in zip(data[:,0], data[:,1], texts)]
        adjust_text(ptxt, arrowprops=dict(arrowstyle='->', color='blue'))
        cate = re.sub(r'\s+', '_', cate)
        plt.title('2D plot of feature: {}'.format(cate))
        plt.savefig('./data-fig_{}.png'.format(cate), dpi=400)
        plt.show()


def main():
        prepare()
        df, y, lim, labels, features, target_names = preprocess()
        # ラベルエンコーディングしたベクトル形式に変換
        X_train, X_test, y_train, y_test = \
          train_test_split(df.loc[:,features].values,
                             y, train_size=0.9, random_state=10)
        df_train = pd.DataFrame(X_train, columns=features)
        cc = [0, 0]
        for yv in y_train:
            cc[yv] += 1
        lim_train = np.min(cc)
        X_train, y_train, input_dims_train, enc = \
```

```
        ordinal_encoding(df_train, features, lim_train, y_train, labels, None)
    df_test = pd.DataFrame(X_test, columns=features)
    cc = [0, 0]
    for yv in y_test:
        cc[yv] += 1
    lim_test = np.min(cc)
    X_test, y_test, input_dims, _ = \
        ordinal_encoding(df_test, features, lim_test, y_test, labels, enc)


    # エンティティ埋め込み無しで、SVMによる予測
    predict_by_SVM_withoutEE(X_train, X_test, y_train, y_test, target_names)
    # カテゴリ特徴量をラベルエンコーディングしたデータを
    # エンティティ埋め込みベクトルに変換するために
    # 教師あり学習を行い、エンティティ埋め込みベクトルを取得
    x_trainvect, x_testvect, y_train, y_test, ee = \
        convertByEntityEmbedding(X_train, y_train,
                                 X_test, y_test, labels, input_dims_train)
    # SVMで学習・予測結果の評価
    predict_by_SVM(x_trainvect, x_testvect, y_train, y_test, target_names)
    # 各カテゴリの埋め込みベクトルを可視化する
    for i in range(len(features)):
        veclist, texts = [], []
        obm = enc.mapping[i]['mapping']
        for idx, kv in zip(obm.index, obm):
            if kv < 0:
                continue
            embv = ee.get_embedding(i, kv-1)
            veclist.append(embv)
            texts.append(idx)
        veclist = np.asarray(veclist, dtype=np.float32)
        texts = np.asarray(texts)
        makeGraph(veclist, texts, features[i])
```

　以下、プログラム2.5の重要箇所について説明する。

①エンティティ埋め込みクラス EntityEmbedder の初期化

　入力される特徴量（ラベルエンコーディング後のデータ）のカテゴリの種類数（次元数）を dims、特徴量の埋め込み次元数を emb_dims に代入している。ここでは、出力次元数（予測対象のクラス数、この例では2）、ドロップアウト率、活性化関数、最適化手法、損失関数などの設定を行っている。また、モデル構築を行うクラスメソッド buildEmbModel を実行している。

② Embedding 層の定義

　ラベルエンコーディングされたデータを入力として、エンティティ埋め込みベクトルを作成するための Embedding 層を定義している。ここでは、入力次元数、埋め込み次元数 (emb_dim=2) を指定している。Embedding 層の出力を Reshape で変換したものを output とし、リスト

embeds に、output を追加している。

③エンティティ埋め込みベクトルを抽出する層の定義

Embedding 層からの出力を連結する層に 'conc_layer' という名前をつけている。連結には、keras. layers 内の Concatenate クラスを用いている。

④エンティティ埋め込みベクトルの取得

get_vector は、カテゴリ特徴量をラベルエンコーディングしたデータを引数にとり、エンティティ埋め込みの学習済みのモデルから、埋め込み層の出力を連結したベクトルを返す。また、get_embedding は、特徴量の番号とカテゴリの ID をもとに、そのカテゴリ特徴量の埋め込みベクトルを取得して返す。

プログラム 2.5 を実行した結果を図 2.9 に示す。(a) と (b) の結果を比べることにより、エンティティ埋め込みを用いることで、ラベルエンコーディングのみを用いるよりも高い予測精度を達成しているがわかる。また、(c) の結果より、エンティティ埋め込みを可視化することで、カテゴリ特徴量間の類似性を確認することもできる。埋め込み次元数などのハイパーパラメータの最適化や、埋め込み層において L1 正則化や L2 正則化を行うことで過学習を抑制するなど、改善の余地もある。エンティティ埋め込みは、カテゴリ特徴量の値の種類がさらに多いデータセットや、データに関するドメイン知識が不足していて人手による特徴量の絞り込みが困難な場合に適用すれば、高い効果を発揮する。エンティティ埋め込みに関連して、テーブル（表）における単語や数値の分散表現獲得手法 Table2Vec[1] も提案されている。

---

[1] https://github.com/ninalx/table2vec-lideng

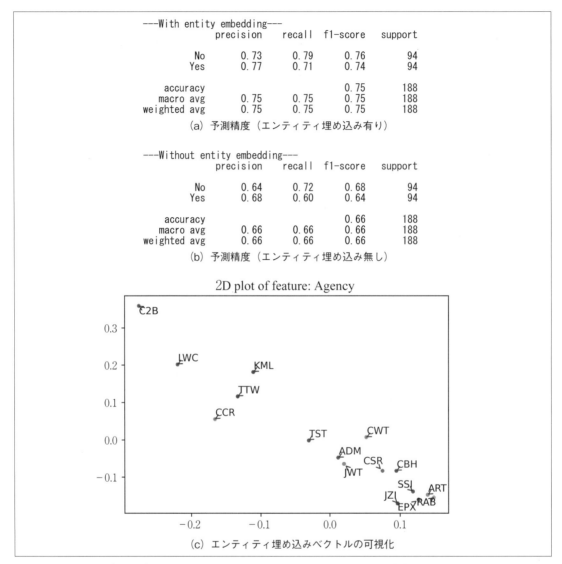

```
---With entity embedding---
             precision    recall   f1-score    support

       No       0.73       0.79       0.76         94
      Yes       0.77       0.71       0.74         94

 accuracy                             0.75        188
macro avg       0.75       0.75       0.75        188
weighted avg    0.75       0.75       0.75        188
```

(a) 予測精度（エンティティ埋め込み有り）

```
---Without entity embedding---
             precision    recall   f1-score    support

       No       0.64       0.72       0.68         94
      Yes       0.68       0.60       0.64         94

 accuracy                             0.66        188
macro avg       0.66       0.66       0.66        188
weighted avg    0.66       0.66       0.66        188
```

(b) 予測精度（エンティティ埋め込み無し）

2D plot of feature: Agency

(c) エンティティ埋め込みベクトルの可視化

〔図2.9〕エンティティ埋め込みを用いたクレーム予測精度と可視化

2.2　不均衡データの扱い

　機械学習により予測モデルを作成する際に、各クラスに対するデータの比率が均等でないため、期待するほどの予測精度が得られないことがある。このようなデータを**不均衡データ**（imbalanced data）とよぶ。現実のデータの多くは不均衡であり、不均衡データに対する前処理が必要になる局面は多い。不均衡データに対し、多数派クラスに含まれるデータの削除、あるいは少数派クラスに新しいデータを追加することによって偏りを解消する処理のことを**リサン**

プリング（resampling）とよぶ。

2.2.1　オーバーサンプリングとアンダーサンプリング

　少数派クラスのデータ数に合うように、多数派クラスからデータをサンプリング（非復元抽出）することにより、バランス調整する手法を**アンダーサンプリング**（undersampling）または**ダウンサンプリング**（downsampling）とよぶ。アンダーサンプリングは、現実世界では珍しい少数派クラスの事例と、ありふれた多数派クラスの事例を同等に扱ってしまうため、現実のデータに対する予測精度が低下する可能性がある。また、多数派クラスの特徴量の分布を正確に反映できなくなるという問題もある。

　多数派クラスのデータ数に合わせて、少数派クラスからデータをサンプリングすることで、クラス間のバランスを調整する手法が**オーバーサンプリング**（oversampling）または**アップサンプリング**（upsampling）である。オーバーサンプリングは、復元抽出を行うことにより、少数派クラスのデータから、何度も同じデータが選出されることになるため、過学習に陥りやすいという欠点をもっている。

　データ中からランダムでオーバーサンプリングすることを**ランダム・オーバーサンプリング**（random oversampling）とよぶ。また、ランダムでアンダーサンプリングすることを**ランダム・アンダーサンプリング**（random undersampling）とよぶ。以下では、オーバーサンプリングとアンダーサンプリングについて、3種類の手法を紹介する。

ENN

　アンダーサンプリングの1つに、**ENN**（edited nearest neighbors）とよばれる手法がある。多数派クラスに属するデータの近傍に一定数以上の少数派クラスのデータが存在している場合には、このような多数派クラスのデータは外れ値であることが多いため削除する（図2.10参照）。

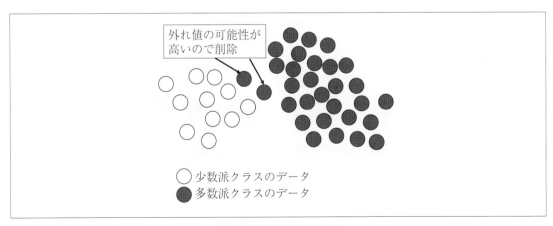

〔図2.10〕ENN の実行例

ENNでは、クラス間のバランス調整と外れ値除去を同時に行うことができるため、モデルの予測精度の低下を防ぐことができる。

SMOTE

　SMOTE（synthetic minority over-sampling technique）とよばれるオーバーサンプリングの手法がある。この手法は、少数派クラスのデータに対し、隣接しているデータとの間に新たに少数派クラスのデータを作成する手法である（図2.11参照）。この図では、k-近傍（図では$k=3$）のデータに対し、SMOTEを実行している。注目している少数派クラスのデータの近傍に多数派クラスのデータが存在する場合には、多数派クラスのデータの近くに少数派クラスの新しいデータが作成されることになる。その結果、多数派クラスと少数派クラスの境界付近に少数派クラスのデータが増えるため、誤分類を減らすことにつながる。SMOTEは、データを新たに作成して増やす手法であるため、**データ拡張**（data augmentation）の一種でもある。ランダム・オーバーサンプリングでは、同じデータを何度も抽出することで過学習してしまうという欠点があるが、SMOTEの場合、データを新規に作成するため、過学習を避けることができる。

ADASYN

　ADASYN（adaptive synthetic sampling）は、SMOTEと同様、データを新たに作成することによるオーバーサンプリング手法の1つである。ADASYNでは、新たなデータを作成するとき、近傍にあるデータのクラスの分布割合に基づきデータの作成を行う。k-近傍法によるクラス分類では、少数派クラスに属するデータの近傍データの多くが多数派クラスに属する場合には、その少数派クラスのデータは誤分類されやすくなる。このことから、ADASYNでは、少数派クラスのデータの近傍に多数派クラスのデータが多く存在するときに、重点的に少数派のデータを作成する（図2.12参照）。

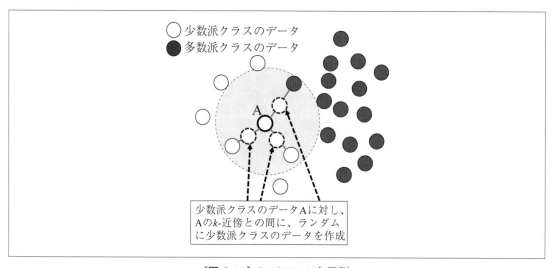

少数派クラスのデータAに対し、Aのk-近傍との間に、ランダムに少数派クラスのデータを作成

〔図2.11〕SMOTEの実行例

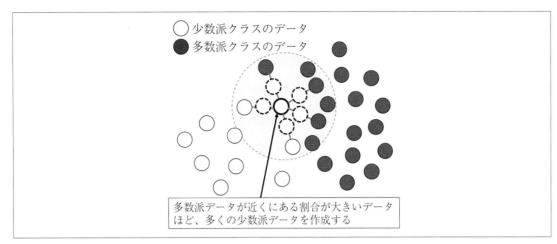

〔図 2.12〕ADASYN の実行例

　プログラム 2.6 では、不均衡データの処理を行うライブラリ imbalanced-learn[2] を用いて、アンダーサンプリングとオーバーサンプリングを行う例を示す。アンダーサンプリングおよびオーバーサンプリングの前後で 2 値分類のモデルの精度を比較する。

　このプログラムで使用するデータは、Cuckoo Sandbox というマルウェア対策を行うためのサンドボックス解析ソフトウェアが、未知のプログラムコードに対して行ったマルウェア判定のレポートから抽出した各種情報と、そのコードがマルウェアか否かのラベルからなる不均衡データである。なお、ここでは、マルウェアが多数派クラスである。

---

[2] imbalanced-learn は、Google Colab にインストールされているバージョンが古いと Warning が出るため、バージョン 0.7.0 をインストールしておくこと (インストール後、ランタイムを再起動する)。

プログラム 2.6

```
import numpy as np
import pandas as pd
import random
# ROC 曲線の描画用にインポート
import matplotlib
%matplotlib inline
import matplotlib.pyplot as plt
# 混同行列の可視化 (heatmap) 用にインポート
import seaborn as sns
from sklearn.ensemble import RandomForestClassifier
from sklearn.model_selection import train_test_split
from sklearn.metrics import accuracy_score, \
confusion_matrix, classification_report, \
roc_curve, roc_auc_score
```

```
# ラベルエンコーディング用にインポート
from sklearn.preprocessing import LabelEncoder
# 不均衡データを扱うライブラリのインストール
# (Google Colab にインストール済みのものはバージョンが古い)
!pip install imbalanced-learn==0.7.0
# アンダーサンプリング用ライブラリをインポート
from imblearn.under_sampling import RandomUnderSampler
from imblearn.under_sampling import EditedNearestNeighbours
# オーバーサンプリング用ライブラリをインポート
from imblearn.over_sampling import SMOTE,\
 ADASYN, RandomOverSampler


# データの準備
def prepare(test_count):
    !kaggle datasets download -d \
    ang3loliveira/malware-analysis-datasets-pe-section-headers
    !unzip malware-analysis-datasets-pe-section-headers.zip
    # マルウェア判定の不均衡データを使用
    df_train = pd.read_csv('pe_section_headers.csv')
    # 分類に使用する特徴量
    features = [c for c in df_train.columns.values[:4]]
    le = LabelEncoder()
    # ハッシュ値の文字列をラベルエンコードする
    df_train['hash'] = le.fit_transform(df_train['hash'])
    X_train = df_train.loc[:,features].values
    y_train = df_train.loc[:,['malware']].values
    # 正例、負例をそれぞれ test_count ずつ、テスト用とする
    # 残りのデータを学習データとする
    mal_ids = [i for i, e in enumerate(y_train) if e == 1]
    good_ids = [i for i, e in enumerate(y_train) if e == 0]
    random.seed(0)
    # インデックスをシャッフルし、データを並べ替える
    random.shuffle(mal_ids)
    random.shuffle(good_ids)
    X_test = X_train[mal_ids[:test_count] + good_ids[:test_count]]
    y_test = y_train[mal_ids[:test_count] + good_ids[:test_count]]
    X = X_train[mal_ids[test_count:] + good_ids[test_count:]]
    y = y_train[mal_ids[test_count:] + good_ids[test_count:]]
    y = y.ravel()
    y_test = y_test.ravel()
    return X, y, X_test, y_test, features

# リサンプリング (ENN, RUS, SMOTE, ROS, ADASYN の 5 種類)
def sampling(sampling_type, X_train, y_train):
    print('\nSampling Type: %s' % sampling_type)
```

①

```
        if sampling_type == 'ENN':
            smp = EditedNearestNeighbours()
        elif sampling_type == 'RUS':
            smp = RandomUnderSampler()
        elif sampling_type == 'ROS':
            smp = RandomOverSampler()
        elif sampling_type == 'SMOTE':
            smp = SMOTE()
        elif sampling_type == 'ADASYN':
            smp = ADASYN()
        X_r, y_r = smp.fit_resample(X_train, y_train)
        return X_r, y_r


# 結果の表示 （混同行列、ROC 曲線を表示）
def disp_result(y_test, y_pred, sampling_type):
        target_names=['good', 'mal']
        cmx = confusion_matrix(y_test, y_pred, labels=[0,1])
        df_cmx = pd.DataFrame(cmx, index=target_names, columns=target_names)
        plt.figure(figsize = (2,2))
        # 混同行列をヒートマップで可視化
        hm = sns.heatmap(df_cmx,annot=True, cbar=False)
        plt.title('Confusion Matrix {}'.format(sampling_type))
        plt.show()
        hm.get_figure().savefig('cmx_{}.png'.format(sampling_type),
                                bbox_inches='tight', dpi=500)
        print(classification_report(y_test, y_pred,
                target_names=target_names))
        tn, fp, fn, tp = cmx.ravel()
        print( '{:<7}:\t{:>.3f}'.format('Accuracy', accuracy_score(y_test, y_pred)))
        print( '{:<7}:\t{:>.3f}'.format('Precision', tp / (tp + fp)))
        print( '{:<7}:\t{:>.3f}'.format('Recall', tp / (tp + fn)))
        # ROC 曲線のために FPR，TPR を取得
        # しきい値 threshold を取得
        fpr, tpr, thresholds = roc_curve(y_test, y_pred)
        # AUC(area under the curve) を計算
        auc_score = roc_auc_score(y_test, y_pred)
        # ROC 曲線を描画
        plt.figure(figsize=(4,3))
        plt.plot(fpr, tpr, label='ROC curve (area = %.2f)' % auc_score)
        plt.legend()
        plt.title('ROC Curve ({})'.format(sampling_type))
        plt.xlabel('False Positive Rate')
        plt.ylabel('True Positive Rate')
        plt.grid(True)
        plt.savefig('ROC_CURVE_{}.png'.format(sampling_type),
                    bbox_inches='tight', dpi=500)
def main():
```

②

```
test_count = 100
X_train, y_train, X_test, y_test, features = prepare(test_count)
df_train = pd.DataFrame(X_train, columns=features)
print(df_train)
# リサンプリングを行わずに、ランダムフォレストで学習・予測
rf = RandomForestClassifier(max_depth=5, random_state=0)
rf.fit(X_train, y_train)
print('\nWithout Sampling')
y_pred = rf.predict(X_test)
disp_result(y_test, y_pred, 'without sampling')
# 5種類のリサンプリングを行い、
# ランダムフォレストで学習・予測
for sampling_type in ['RUS', 'ENN',
                      'ROS', 'SMOTE', 'ADASYN']:
    X_r, y_r = sampling(sampling_type, X_train, y_train)
    rf = RandomForestClassifier(max_depth=5, random_state=0)
    rf.fit(X_r, y_r)
    y_pred = rf.predict(X_test)
    disp_result(y_test, y_pred, sampling_type)
```

　以下、プログラム 2.6 の重要箇所について説明する。

①ラベルエンコーディングなどの前処理

　LabelEncoder クラスのインスタンスを生成し、カテゴリ特徴量であるハッシュ文字列 ('hash')
をラベルエンコーディングしている。また、テストデータにおける各クラスに属するデータの
数が均等になるように調整している。

②リサンプリング

　5 種類のリサンプリング手法（EditedNearestNeighbours, RandomUnderSampler, SMOTE,
RandomOverSampler, ADASYN）のクラスインスタンスを生成し、fit_resample を用いてリサン
プリングを実行している。

　プログラム 2.6 の実行結果の一部を図 2.13 に示す。（a）の結果より、リサンプリングせずに
学習し予測を行うと、ほとんどすべての事例が多数派のクラス（マルウェア）として予測され
てしまうが、（b）の結果より、ADASYN などのリサンプリング手法を適用することにより、全
体的に予測精度の改善がみられた。適用するリサンプリング手法によっては、思ったような効
果が得られないこともある。リサンプリング手法の性能は、データの分布や機械学習手法に依
存するため、データの性質や機械学習の特性に適したリサンプリング手法の選択が必要である。

2.2.2　クラスに対する重みづけ

　オーバーサンプリングとアンダーサンプリングは、各クラスの学習データの数を均等になるよ

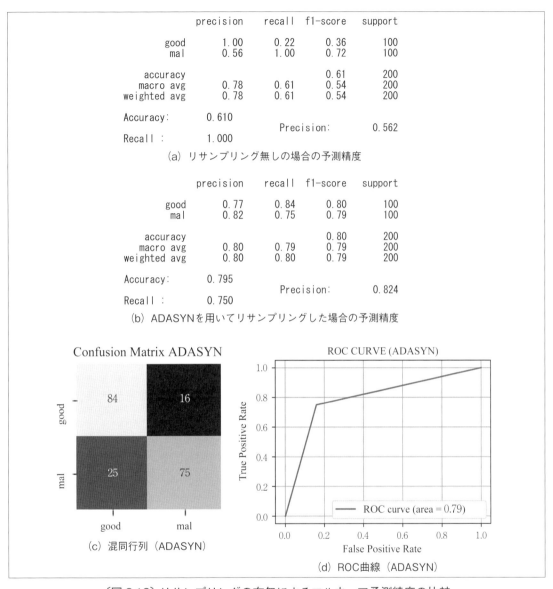

	precision	recall	f1-score	support
good	1.00	0.22	0.36	100
mal	0.56	1.00	0.72	100
accuracy			0.61	200
macro avg	0.78	0.61	0.54	200
weighted avg	0.78	0.61	0.54	200

Accuracy: 0.610　　　　　Precision: 0.562

Recall : 1.000

(a) リサンプリング無しの場合の予測精度

	precision	recall	f1-score	support
good	0.77	0.84	0.80	100
mal	0.82	0.75	0.79	100
accuracy			0.80	200
macro avg	0.80	0.79	0.79	200
weighted avg	0.80	0.80	0.79	200

Accuracy: 0.795　　　　　Precision: 0.824

Recall : 0.750

(b) ADASYNを用いてリサンプリングした場合の予測精度

(c) 混同行列（ADASYN）

(d) ROC曲線（ADASYN）

〔図2.13〕リサンプリングの有無によるマルウェア予測精度の比較

う調整する方法であった。これに対し、不均衡クラス間でデータ数の調整はせずに、学習の過程でバランスを調整できるような重み（class weight）を、学習パラメータとして与える方法がある。sklearn では、このような重みを与えることのできる機械学習モデルがいくつか用意されている。プログラム 2.7 では、sklearn に含まれる機械学習モデルである RandomForestClassifier を用いて、クラスごとの重みを決めてサンプル重み（データごとに与える重み）とする場合、クラスごとの

重みのバランスを自動的に調整する場合、重みを調整しない場合のそれぞれについて予測モデルを学習し、予測精度の比較を行う。対象データは、プログラム 2.6 で用いたものと同じである。

プログラム 2.7

```
# RandomForestClassifier を使うためにインポート
from sklearn.ensemble import RandomForestClassifier
# プログラム 2.6 と同じライブラリをインポート
# データの準備と結果の表示はプログラム 2.6 と同じなので省略

def main():
    test_count = 100
    X_train, y_train, X_test, y_test, features = prepare(test_count)
    df_train = pd.DataFrame(y_train, columns=['malware'])
    print(df_train)
    # バランスを調整しない
    print('\nRandomForest')
    rfc = RandomForestClassifier(max_depth=5, random_state=1)
    rfc.fit(X_train, y_train)
    y_pred = rfc.predict(X_test)
    disp_result(y_test, y_pred, 'Without Weight')
    # class_weight='balanced' を使って調整
    print('\nRandomForest (use balanced)')
    rfc_balanced = RandomForestClassifier(max_depth=5,
                random_state=1, class_weight='balanced')
    rfc_balanced.fit(X_train, y_train)
    y_pred = rfc_balanced.predict(X_test)
    disp_result(y_test, y_pred, 'Balanced Weight')
    # sample_weight を使って調整
    print('\nRandomForest (use sample weight)')
    rfc_balanced = RandomForestClassifier(max_depth=5, random_state=1)
    # ここでは、正例 / 負例 を 1/40 の重みとする
    weight = np.array([1.0 if i == 1 else 40 for i in y_train])
    rfc_balanced.fit(X_train, y_train, sample_weight=weight)
    y_pred = rfc_balanced.predict(X_test)
    disp_result(y_test, y_pred, 'Sample Weight')
```

　図 2.14 に、プログラム 2.7 の実行結果の一部を示す。重みを調整しない場合 (a) とした場合 (b) とで比較してみると、明らかに (b) のほうが全体的な精度が改善していることがわかる。データが均衡でなく、リサンプリング手法による効果が得られない場合には、クラス重みやサンプル重みのようなパラメータを調整してみることが重要である。

	precision	recall	f1-score	support
good	1.00	0.22	0.36	100
mal	0.56	1.00	0.72	100
accuracy			0.61	200
macro avg	0.78	0.61	0.54	200
weighted avg	0.78	0.61	0.54	200

```
Accuracy:   0.610
Precision:  0.562
Recall  :   1.000
```

（a）重み調整しない場合の予測精度

	precision	recall	f1-score	support
good	0.74	0.90	0.81	100
mal	0.87	0.68	0.76	100
accuracy			0.79	200
macro avg	0.80	0.79	0.79	200
weighted avg	0.80	0.79	0.79	200

```
Accuracy:   0.790
Precision:  0.872
Recall  :   0.680
```

（b）サンプル重みを用いた場合の予測精度

〔図 2.14〕重み調整の有無による予測精度の比較

2.3　時系列データの扱い

　時系列データ（time-series data）は、一定の期間、ある事象の時間的な変化について連続的（あるいは一定間隔をおいて不連続に）に計測したデータである。例として、気候の変化や人口の増減、株価の変動などがある。最近では、携帯型情報端末の高性能化やネットワーク、クラウド環境の発達、IoT（Internet of Things）などの技術革新に伴い、日々計測される膨大な情報がデータベースに蓄積され、ビッグデータとして利活用されるようになってきた。一般に、監視カメラの映像、位置情報、ソーシャルメディアへの投稿テキストなどは時刻とともに記録されるため、時系列データとして扱うことが可能である。

　時系列データに対しては、時間とともに変動する変数間の関係を明らかにするため、回帰分析などの手法がよく用いられる。時系列データには、大きく分けて2つの種類が存在する。1つは、一定の期間にわたって均等な時間間隔（1秒、1分、1時間、1日、1週間、1年など）で計測されたデータである。もう1つは、一定の期間にわたって発生した事象の集合であり、**点過程**（point process）とよばれるものである。事象が発生した時刻を t とするとき、この t は離散時刻でもよい。

　時系列データを用いた予測として、前の時刻 $(t-n,..., t-1)$ のデータが、次の時刻 $(t, t+1,..., t+m)$ のデータに何らかの影響を及ぼすと仮定し、将来の時系列データの予測（time-series forecasting）を行うもの（**時系列回帰**）と、過去のデータから、そのデータのカテゴリなどを予

測するもの（**時系列分類**）がある。

　単純な時系列特徴量は、時間軸（タイムスタンプ）を考慮しないが、たとえば、ある特定の時間帯のデータから計算した平均値や中央値によって、時系列データの傾向を明らかにできることがある。また、データのばらつきの傾向を得るために標準偏差などを用いることがある。外れ値を求めることによって、分布の傾向から外れた異常なデータを検出することもできる。以下、時系列データを機械学習で扱う際に役に立つ窓付き統計値、タイムゾーンの変換、データの粒度の変換、時系列データにおける欠損値の穴埋めについて具体例を用いて説明する。

２．３．１　窓付き統計値

　窓付き統計値（windowed statistics）は、平均値や標準偏差などのデータの要約をある一定時間範囲において計算する。プログラム 2.8 に、ある年の 1 月〜7 月の降水量の平均値、最小値、最大値、標準偏差を求める例を示す。使用するデータは天候（最高気温、最低気温、降雨の有無など）を時系列で記録したデータである。なお、プログラムの実行結果の一部を図 2.15 に示している。

プログラム 2.8

```python
import pandas as pd
import numpy as np
# 記録された時刻を時系列として扱うために必要
from datetime import datetime

# データの準備
def prepare():
    !kaggle datasets download -d jsphyg/weather-dataset-rattle-package
    !unzip weather-dataset-rattle-package.zip

# 前処理（欠損値の削除など）
def preprocess():
    df = pd.read_csv('weatherAUS.csv')
    df = df.replace('NA', 'NaN')
    print(df)
    df = df.dropna(how='any')
    features = ['Date', 'MinTemp', 'MaxTemp', 'Rainfall']
    # datetime 型に変換する
    df['Date'] = pd.to_datetime(df['Date'], format='%Y-%m-%d')
    # Yes/No ==> 1/0 に変換
    df['RainTomorrow'] = df['RainTomorrow'].map(
                        {'No': 0, 'Yes': 1}).astype(int)
    X_train = df.loc[:,features].values
    y_train = df.loc[:,['RainTomorrow']].values
    return df, X_train, y_train, features
```

```
# 時間窓を設定して平均値、最小値、最大値、標準偏差を取得する
# 時間窓はdatetime型の値を格納したタプルで表す
def time_window(df, target_feature, twin):
    df1 = df[(df['Date'] >= twin[0]) & (df['Date'] <= twin[1])]
    mean_win = df1[target_feature].mean()
    min_win = df1[target_feature].min()
    max_win = df1[target_feature].max()
    std_win = np.std( df1[target_feature] )
    return df1, mean_win, min_win, max_win, std_win


def main():
    prepare()
    df, X_train, y_train, features = preprocess()
    # 時間窓の設定
    win1 = (datetime(2009,1,1), datetime(2009,7,31))
    win2 = (datetime(2017,1,1), datetime(2017,7,31))
    print('\n')
    # 時間窓ごとに、平均値、最小値、最大値を計算
    for win in [win1, win2]:
        print('******* {:^14} ~ {:^14} *******'.format(
                    win[0].strftime('%Y-%m-%d'),
                    win[1].strftime('%Y-%m-%d')))
        print('{:^10}\t{:>6}\t{:>6}\t{:>6}\t{:>6}'.format(
                    'Feature', 'Avg', 'Min', 'Max', 'Std'))
        for target_feature in ['Rainfall', 'MaxTemp', 'MinTemp']:
            df1, mean_win1, min_win1, max_win1, std_win1 = \
                        time_window(df, target_feature, win)
            print('{:^10}\t{:>6.2f}\t{:>6.2f}\t{:>6.2f}\t{:>6.2f}'.format(
                        target_feature, mean_win1, min_win1, max_win1, std_win1))
```

　またプログラム2.9では、pandasのスライド窓関数（rolling）を用いて、1か月、1年、5年ごとの平均気温を計算する例を示す。プログラム2.9の実行結果の一部を図2.16に示すが、スライド窓を用いることにより、平均気温の細かな変動を確認することができる。

```
******* 2009-01-01 ~ 2009-07-31 *******
Feature       Avg     Min     Max     Std
Rainfall     2.10    0.00  140.20    7.40
MaxTemp     24.13    4.10   46.80    7.39
MinTemp     13.24   -3.90   31.40    6.45
******* 2017-01-01 ~ 2017-07-31 *******
Feature       Avg     Min     Max     Std
Rainfall     2.51    0.00  114.40    8.41
MaxTemp     25.24    9.00   46.30    6.48
MinTemp     14.84   -0.50   28.80    5.87
```

〔図2.15〕時間窓ごとの雨量の平均、最小、最大値

プログラム 2.9

```python
import sys
import numpy as np
import pandas as pd
# 可視化用にインポート
import matplotlib.pyplot as plt
%matplotlib inline


# データの準備
def prepare():
    !kaggle datasets download -d shenba/time-series-datasets
    !unzip time-series-datasets.zip
    data = pd.read_csv('daily-minimum-temperatures-in-me.csv')
    print(len(data))
    # 欠損値（異常値には '?' が含まれる）を除外
    data = data[~data['Daily minimum temperatures'].str.contains('\?')]
    print(len(data))
    features = []
    for f in data.columns.values:
        if f != 'Date':
            features.append(f)
    # 日付の文字列を datetime 型に変換する
    data['Date'] = pd.to_datetime(data['Date'])
    return data, features

def main():
    df, features = prepare()
    print(len(df))
    s = df['Daily minimum temperatures']
    # インデックスに日付の項目を指定
    s.index = df['Date']
    # 1か月，1年，5年単位での平均気温を表示
    # Window の中心に平均値を格納 (center=True)
    for span in [30, 365, 1825]:
        print( s.rolling( span, center=True ).mean() )
        rol = s.rolling( span, center=True ).mean()
        # 計算結果の入っていない行を削除
        rol = rol.dropna()
        plt.figure(figsize=(8, 4))
        plt.plot(rol)
        # 算出した結果を CSV ファイルに出力
        rol.to_csv('./avg_%d.txt' % span)
```

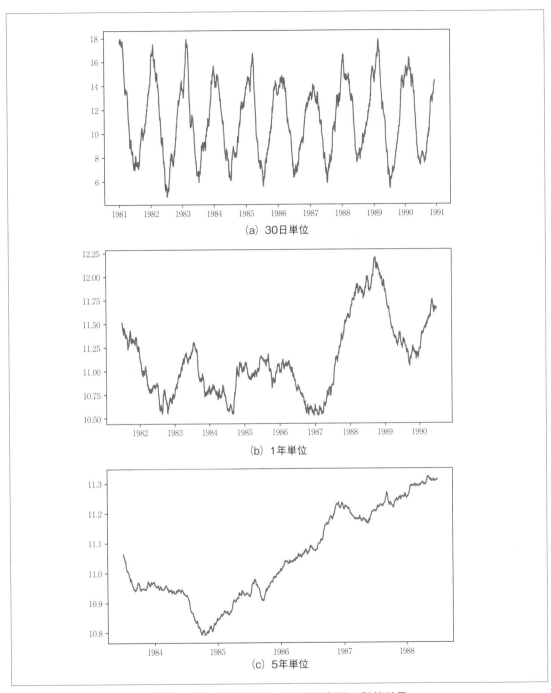

(a) 30日単位

(b) 1年単位

(c) 5年単位

〔図 2.16〕 スライド窓による平均気温の計算結果

2.3.2　タイムゾーンの変換

　時系列データには、そのデータが取得または記録された日時がタイムスタンプとして付与されているものがある。このようなデータを扱う際には、そのタイムスタンプの表している時間帯がどの標準時のものなのか、取得した場所によって異なる時間帯で記録されていないかを確認しておく必要がある。レコードごとに複数の時間帯で示されている場合には、ある特定の標準時に統一するための正規化を行う。一般に、協定世界時（UTC）に揃えることが多い。pandas には、時間帯を変換するメソッド（tz_convert）が用意されている。

　プログラム 2.10 では、日本および英国における新型コロナウイルス感染症に関するデータを用いて、tz_convert によるタイムゾーンの変換の例を示す。プログラム 2.10 では、徳島県、東京都、英国の感染者数を検査数で割った値（陽性率）の推移を、タイムゾーンを UTC に統一して比較している。図 2.17 にプログラム 2.10 の実行結果を示している。

プログラム 2.10

```python
import pandas as pd
import numpy as np
import matplotlib.pyplot as plt
%matplotlib inline


# データの準備（covid-19 の検査に関するデータ）
def prepare():
    # 日本のデータ
    !kaggle datasets download -d lisphilar/covid19-dataset-in-japan
    !unzip covid19-dataset-in-japan.zip
    # 英国のデータ
    !kaggle datasets download -d vascodegama/uk-covid19-data
    !unzip uk-covid19-data.zip


# タイムゾーンの変換および陽性者数の時系列推移の可視化
def dt_convert():
    # 日本の covid-19 の検査数、陽性者数などのデータ
    df = pd.read_csv('covid_jpn_prefecture.csv')
    # Date 列をインデックスに指定する
    df.index = pd.DatetimeIndex(df['Date'], name='Date')
    # 2020 年 4 月～2021 年 5 月の期間に絞り込む
    df = df[(df['Date'] >= '2020-04-01') & (df['Date'] < '2021-05-01')]
    # UTC に変換
    df.index = df.index.tz_localize('UTC')
    # 最近の国内の陽性者の人数を表示してみる（UTC）
    print(df['Positive'][-10:])
    # 徳島県のデータを抽出
    kdf = df[df['Prefecture'] == 'Tokushima']
    # 徳島県の陽性率（= 陽性者数 / 検査数）
```

```python
    positive_Tokushima = pd.DataFrame(kdf['Positive']/kdf['Tested'],
                                      columns=['Positive'])
    print(positive_Tokushima)
    plt.figure(figsize=(15,9))
    plt.plot(positive_Tokushima, '--', label='Tokushima')
    plt.title('Trend of Covid-19 positive rate in Tokushima, Tokyo and UK')
    plt.xlabel('Date')
    plt.ylabel('Positive Rate')

    # 東京都のデータを抽出
    tdf = df[df['Prefecture'] == 'Tokyo']
    # 東京都の陽性率 (= 陽性者数 / 検査数 )
    positive_Tokyo = pd.DataFrame(
        tdf['Positive']/tdf['Tested'], columns=['Positive'])
    print(positive_Tokyo)
    # グラフ表示
    plt.plot(positive_Tokyo, '-', label='Tokyo')

    # 英国の covid-19 の検査数、陽性者数などデータを読込み
    df_uk = pd.read_csv('UK_National_Total_COVID_Dataset.csv')
    # 検査数が 0 になっているデータは除外
    df_uk = df_uk[df_uk['newTestsByPublishDate']>0]
    df_uk.index = pd.DatetimeIndex(df_uk['date'], name='date')
    # タイムゾーンを UTC に変換
    df_uk.index = df_uk.index.tz_localize('UTC')
    # 英国の陽性率 (= 陽性者数 / 検査数 )
    df_uk['Positive'] = df_uk['newCasesByPublishDate']/df_uk['newTestsByPublishDate']
    positive_uk = pd.DataFrame(df_uk['Positive'], columns=['Positive'])
    # 2020 年 4 月〜 2021 年 5 月の期間に絞り込む
    positive_uk = positive_uk[(positive_uk.index >= '2020-04-01') & \
                              (positive_uk.index < '2021-05-01')]
    print(positive_uk)
    # グラフ表示
    plt.plot(positive_uk, ':', label='UK')
    plt.legend()
    plt.savefig('Tokushima-Tokyo-UK.png', bbox_inches='tight', dpi=300)
    plt.show()

def main():
    prepare()
    dt_convert()
```

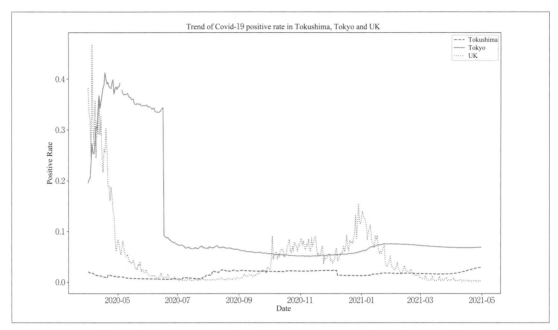

〔図2.17〕徳島、東京、英国の新型コロナウイルス感染症陽性率の推移

2.3.3　データの粒度の変換

　データの粒度（タイムスタンプの数）を変えることによって、データの見方を変えることができる。pandas では、resample というメソッドを用いることで、月単位、週単位、日単位、時間単位など、データの粒度を指定できる。プログラム 2.11 に、resample メソッドを用いて、アメリカの新型コロナウイルス感染症の州単位での死者数の平均などを月単位、週単位で求める例を示す。図 2.18 に実行結果の一部を示している。

プログラム 2.11

```python
import pandas as pd
import numpy as np
import matplotlib
%matplotlib inline
import matplotlib.pyplot as plt


# データの準備
def prepare():
    # アメリカの新型コロナウイルスによる死者数の統計データ
    !kaggle datasets download -d sudalairajkumar/novel-corona-virus-2019-dataset
    !unzip novel-corona-virus-2019-dataset.zip
    df = pd.read_csv('time_series_covid_19_deaths_US.csv')
```

```python
        # 州名と人口、日付ごとの死者数を残す
        # 分析に使わない列
        ignores = ['Province_State', 'Population',
                   'UID', 'iso2', 'iso3', 'code3',
                   'FIPS', 'Admin', 'Admin2', 'Country_Region',
                   'Lat', 'Long_', 'Combined_Key']
        features = []
        for f in df.columns.values:
            if not f in ignores:
                features.append(f)
        X = df.loc[:,features].values
        y = df.loc[:,['Province_State', 'Population']].values
        return df, y, features


def main():
    df, y, features = prepare()
    # 州ごとに死者数の合計を求める
    num_death = df.groupby('Province_State')[features].sum()
    num_death_prv = num_death.sum(axis=1)
    ydf = pd.DataFrame(y, columns=['Province_State', 'Population'])
    n_pop = ydf.groupby('Province_State')['Population'].sum()
    # 州ごとに人口当たりの死者数を求める
    for prv in num_death_prv.index:
        if n_pop[prv] == 0:
            continue
        val = num_death_prv[prv] / n_pop[prv]
        if val >= 0.05: # 0.05 以上のみ表示
            print('{0:^10}\t{1:.3f}'.format(prv, val))
    # グラフの線とマーカの種類と色
    style=['ro--', 'kx-', 'k^-', 'k.--', 'ks-']
    # resample を行うため、行列を入れ替える
    ndf = num_death.transpose()
    # 列名（インデックス）を日付型に変換する
    ndf.index = pd.to_datetime(ndf.index)
    # 対象とする州を絞り込む
    mdf = pd.DataFrame(ndf,
                       columns=['New York', 'Massachusetts',
                                'Florida', 'California', 'Texas'])
    # 1週間ごとの平均死者数を求める
    week_mdf = mdf.resample('W').mean()
    # 平均死者数の推移を可視化する
    week_mdf.plot(title='Average of dead per week', style=style)
    plt.savefig('avg_week_dead.png', dpi=400)
    # 1か月ごとの平均死者数を求める
    month_mdf = mdf.resample('M').mean()
    # 平均死者数の推移を可視化する
    month_mdf.plot(title='Average of dead per month', style=style)
```

```
plt.savefig('avg_month_dead.png', dpi=400)
# 対象とする州を絞り込む
mdf = pd.DataFrame(ndf,
                   columns=['New Jersey', 'Washington',
                            'Michigan', 'Illinois', 'Colorado'])
# 1週間ごとの最大死者数に置き換える
week_ndf = mdf.resample('W').max()
# 最大死者数の推移を可視化する
week_ndf.plot(title='Maximum of dead per week', style=style)
plt.savefig('max_week_dead.png', dpi=400)
# 1か月ごとの最大死者数に置き換える
month_ndf = mdf.resample('M').max()
# 最大死者数の推移を可視化する
month_ndf.plot(title='Maximum of dead per month', style=style)
plt.savefig('max_month_dead.png', dpi=400)
```

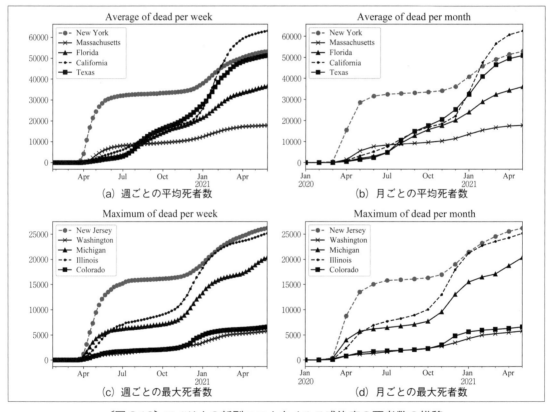

〔図 2.18〕アメリカの新型コロナウイルス感染症の死者数の推移

２．３．４　時系列データにおける欠損値の穴埋め

　時系列データにも欠損値や外れ値が含まれることがある。時系列データの場合、データ全体の平均値などの代表値で欠損値を補完すると、前後の値からかけ離れてしまい、異常値とみなされてしまうことがある。また場合によっては、元のデータには存在しない日時（データを取得していない日時）のデータを補完したいこともある。このような場合、対象データの前後のデータを用いて補完する方法が用いられる。

　プログラム 2.12 に、前後の値を用いて欠損値の穴埋めを行う例を示す。メソッド interpolate では、複数の補完方法を選択することができる。このプログラムでは、'linear', 'time', 'values', 'index', 'spline', 'nearest' の６種類の方法を指定している。なお、何も指定しない場合は線形補間（linear）を行う。使用したデータは、世界の気温の変動を記録したものである。

プログラム 2.12

```python
import pandas as pd
import numpy as np
import matplotlib
import matplotlib.pyplot as plt
%matplotlib inline

# データの準備
def prepare():
    # 世界の気温を記録したデータをダウンロードして読み込む
    !kaggle datasets download -d schedutron/global-temperatures
    !unzip global-temperatures.zip
    df = pd.read_csv('GlobalTemperatures.csv')
    # 平均気温をデータフレームに格納する
    df = pd.DataFrame(df, columns=['dt', 'LandAverageTemperature'])
    print(df)
    return df

# 欠損値を含む区間および欠損値が最も多い区間を確認
def get_missing_range(df):
    i = 0
    n = 20
    rlist = []
    cmax = 0
    ci = -1
    while i+n < len(df):
        mc = df[i:i+n].isnull().sum(axis=1)
        c = np.sum(mc.values)
        if c > 0:
            rlist.append(range(i,i+n))
            if cmax < c:
```

```
            cmax = c
            ci = len(rlist)-1
        i += n
    return rlist, ci


# 欠損値が最も多い区間について図示
def check_missing_values(df):
    plt.figure(figsize=(7,5))
    df['dt'] = pd.to_datetime(df['dt'])
    df.index = pd.DatetimeIndex(df['dt'], name='Date')
    df.drop('dt', axis=1, inplace=True)
    # 欠損値のある範囲を確認
    rlist, ci = get_missing_range(df)
    print('-->', list(rlist[ci]))
    l = list(rlist[ci])
    print('Include missing value', df[l[0]:l[-1]])
    plt.plot(df[l[0]:l[-1]])
    plt.xticks(rotation=90)
    plt.title('Including Missing Values')
    plt.xlabel('Datetime')
    plt.ylabel('Temperature')
    plt.savefig('including_missing_value.png', bbox_inches='tight')
    plt.show()
    return rlist[ci]


# 欠損値の補間（interpolate メソッドを利用）
def interpolate(df, itype, direction, a_range):
    print('{} interpolate'.format(itype))
    if itype == None:
        df_i = df.interpolate(limit=1,
            limit_direction=direction)['LandAverage Temperature']
    else:
        df_i = df.interpolate(method=itype, order=1)['LandAverageTemperature']
    print(df_i[list(a_range)])
    plt.figure(figsize=(7,5))
    plt.plot(df_i[list(a_range)])
    plt.title('{} interpolation'.format(itype))
    plt.xticks(rotation=90)
    plt.xlabel('Datetime')
    plt.ylabel('Temperature')
    plt.savefig('{}_interpolation.png'.format(itype), bbox_inches='tight')
    plt.show()


def main():
    df = prepare()
    a_range = check_missing_values(df)
    direction = 'forward'
```

```
for itype in ['time', 'values', 'linear',
              'index', 'spline', 'nearest']:
    interpolate(df, itype, direction, a_range)
```

　図 2.19 に、プログラム 2.12 の実行結果の一部を示す。欠損値を補間していない場合と、3
種類の補間方法を用いて欠損値を補間した場合の結果を示している。

　欠損している時系列データを、前後のデータから単純に補間できない場合もある。たとえば、
商品の価格と売上数などのように、特徴量が相互に影響している場合などがこれに該当する。

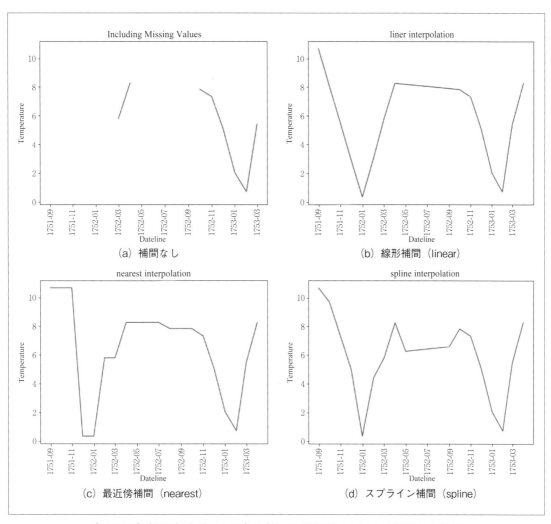

〔図 2.19〕気温変動データの欠損値を前後のデータにより補間した結果

このような場合は、一方の特徴量のみからの補間は用いず、多重代入法によって補完するとよい。また、時系列データにおける外れ値に対しては、注意が必要である。たとえば、気象の観測データでは、異常気象などによって外れ値とみなされるデータが得られる場合もある。このようなデータに対しては、スライド窓や移動平均などを用いることによって外れ値を検出できるときがある。また、モデル作成時には、古いデータほど現在の状況を反映していないことが多いため、時間窓を用いて分析対象の範囲を絞り込んだり、記録された日時の情報を用いたりすることもある。

3章

テキストデータの前処理

本章では、テキストデータを対象とした前処理について解説する。テキストデータは、主に人間が読むことを目的として作られているため、これを機械学習やテキストマイニングに適した形に変換するために、いくつかのステップを踏む必要がある。最初に、テキストデータを処理する際に一般的に必要となる前処理について、順を追って説明する。その後、章の後半では、いくつかの機械学習アルゴリズムを対象とし、実際にどのような前処理が必要となるかを、前節での知識を踏まえて紹介する。

3.1 日本語テキストデータ前処理の流れ

　日本語の文書を前処理する際の典型的な流れを図3.1に示す。最初に、文字コードの認識やテキスト部分の同定等を行い、処理すべきテキストを抜き出す（3.4節）。次に、文章を文に分割し、文を単語に分割する処理（単語切り分け・形態素解析）を行う（3.5節）。その後、語のID番号への変換を行う（3.7節）。実際には、それぞれの処理にもさまざまなバリエーションがあり、切り分けを単語以外の単位で行ったり（3.6節）、使用する単語を選別する処理（3.7節）を行ったりすることもある。

　機械学習への入力の際には、入力文を目的の機械学習アルゴリズムに適した形へと変換する必要がある。本章では、文を数学的にモデル化する最も基本的な手法であるベクトル空間モデルとtf-idfについて紹介したあと（3.8節）、代表的な機械学習手法について、それぞれに適した形に変換する手法を紹介する（3.9節）。

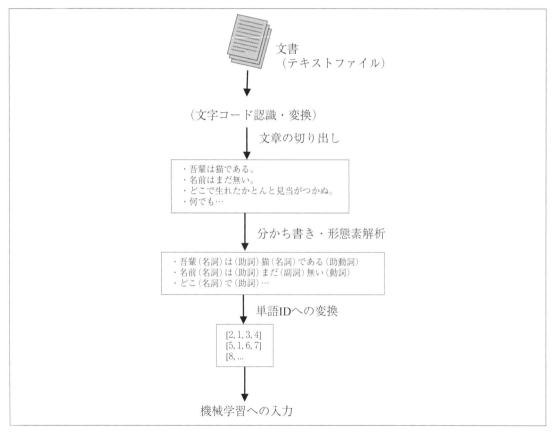

〔図3.1〕日本語テキストデータ前処理の流れ

3.2　日本語テキストデータの準備

　日本語の前処理プログラムを解説するため、まずデータの準備を行う。青空文庫[1]は、著作権の切れた小説を中心に、さまざまな文書を電子化し収集するサイトである。本節では、ここから2つの小説（『吾輩は猫である』と『怪人二十面相』）を取得し、テキスト処理の基本となる前処理について学ぶ。

　プログラム 3.1 に、今回使う小説をダウンロード・解凍するプログラムを示す。今回は、2つの小説を使うため、URL も2つ準備する。ダウンロードには、Python の requests モジュールを用いる。

プログラム 3.1

```python
# ダウンロード、ファイル書き込み用モジュールのインポート
import requests, io

# 必要な URL のリストを準備する
urllist = [
    '000148/files/789_ruby_5639.zip',# 吾輩は猫である
    '001779/files/57228_ruby_58697.zip'# 怪人二十面相
]

# URL のリストをもとに、ファイルをダウンロードする
for i in range(len(urllist)):
    url = 'https://www.aozora.gr.jp/cards/'+urllist[i]
    fn = 'text-'+str(i)
    res = requests.get(url, stream=True)
    with open(fn+'.zip', 'wb') as handle:
        for chunk in res.iter_content(chunk_size=512):
            if chunk:
                handle.write(chunk)

# ダウンロードしたファイルを解凍する
!unzip '*.zip'
```

　なお、青空文庫のサイトから、作品名でたどると、テキストをダウンロードできるページ（たとえば、『吾輩は猫である』であれば、この作品の専用のページ[2]）にたどり着く。ここから、zip 形式のファイルへのリンク先 URL を取得できる。別の小説を対象としたい場合には、同様にして、その作品の zip 形式のファイルを取得すればよい。

　なお、Google Colab 上での環境がリセットされた際には、ファイルの準備を行う上記プログラム 3.1 およびプログラム 3.3 と、MeCab のインストールを行うプログラム 3.5 を事前に実行しておく必要がある。

---

[1] https://aozora.gr.jp/

[2] https://www.aozora.gr.jp/cards/000148/card789.html

3.3 文字コード変換

テキストファイルは、言語によって、さまざまな文字コード（各文字をどのバイトデータに対応させるかという対応規則）が使われている。近年では、どのような言語でも扱うことのできる世界共通のコードである Unicode が標準となってきているが、実際には、Unicode 以外の文字コードが使われていることも多い。たとえば、今回扱う青空文庫のファイルは、Shift_JIS とよばれる文字コードを用いている。また、Windows で編集されるファイルの多くは、特に指定しないと、CP932（Shift_JIS の亜種）で保存される。

Google Colab のデフォルトの文字コードは Unicode であるため、文字コードを指定せずに Shift_JIS のファイルを読み込むと、エラーで処理が中断されたり、エラーは出ないのに正常な結果が出力されなかったりということになる（後者は特にやっかいである）。

以上のような事態を避けるために、ファイルを読み込む際には、明示的に文字コードを指定したほうがよい。Python3 では、open でファイルを読み込む際に、encoding オプションで文字コードを指定できる。今回は、encoding='Shift_JIS' を指定することで、青空文庫のファイルを読み込むことができるようになる。『吾輩は猫である』の冒頭部分を Google Colab で表示する例をプログラム 3.2 に、また実行結果を図 3.2 に示す。

プログラム 3.2

```
import requests, io

# Shift_JIS でファイルを開き、最初の 30 行を表示
with open('wagahaiwa_nekodearu.txt', 'r', encoding='Shift_JIS') as f:
    lines = f.readlines()
    for s in lines[0:30]:
        print(s, end='')
```

```
吾輩は猫である
夏目漱石

-------------------------------------------------------
【テキスト中に現れる記号について】

《》：ルビ
（例）吾輩《わがはい》

｜：ルビの付く文字列の始まりを特定する記号
（例）一番｜獰悪《どうあく》

［＃］：入力者注　主に外字の説明や、傍点の位置の指定
　　　　（数字は、JIS X 0213 の面区点番号または Unicode、底本のページと行数）
（例）※［＃「言＋墟のつくり」、第 4 水準 2-88-74］

〔〕：アクセント分解された欧文をかこむ
（例）〔Quid aliud est mulier nisi amicitiae& inimica〕
アクセント分解についての詳細は下記 URL を参照してください
http://www.aozora.gr.jp/accent_separation.html
-------------------------------------------------------

［＃ 8 字下げ］一［＃「一」は中見出し］

　　吾輩《わがはい》は猫である。名前はまだ無い。
　　どこで生れたかとんと見当《けんとう》がつかぬ。何でも薄暗いじめじめした所でニャーニャー
```

〔図 3.2〕テキストの表示例

3.4　文章の切り出し

　テキスト形式のデータには、多くの場合、テキスト本体だけでなく、さまざまな付帯情報（メタデータ）もデータの一部として含まれている。付帯情報は、XML のように構造化された形式の場合もあるが、そうでない場合には、テキストファイルからテキスト本体だけを抜き出す独自の処理が必要となる。

　青空文庫においても、独自のフォーマットにより、データ入力者の情報や記号に関する注釈などがテキストデータに含まれている。これらを取り除く処理は、基本的には、フォーマットごとに人手で記述する必要がある。青空文庫のフォーマットに関しては、青空文庫の Web サイト中にある『青空文庫作業マニュアル【入力編】』[3] に詳しい解説がある。これは、青空文庫にデータを入力するための解説であるが、入力されたデータを解析する場合にも参考になる。まず、ファイル冒頭や末尾に追加された以下のデータを削除する。

　　①最初の数行は、タイトルや作者名が並んでいる。

　　②その後、記号の使い方を説明したテキストが含まれている。　これは、「- 記号が 55 個続く線で囲まれたコメント」となっている。

---

[3] https://www.aozora.gr.jp/aozora-manual/index-input.html

③本文終了後3行開けて、入力に関する記述がある。

　また、本文中にも、以下のようなさまざまなメタデータが挿入されているため、正規表現を使い、これらのメタデータを取り除く。

　　①字下げの指定：(例) [#ここから*字下げ]

　　②その他注釈：(例) [#「トチメンボー」に傍点]

　　③ルビの指定：(例)《わがはい》

　　④ルビの先頭の表示：記号「｜」

　プログラム3.3に、上記メタデータを削除するプログラムを示す。

プログラム 3.3

```
import io
# 正規表現用モジュールをインポート
import re
#(元のファイル名,処理後のファイル名)のリスト。
textlist = [
    ('wagahaiwa_nekodearu','neko'),
    ('kaijin_nijumenso','kaijin'),
]
for i in range(len(textlist)):
    text = textlist[i][0]
    text2 = textlist[i][1]

    # 各前処理の結果を一時保存するリスト
    tmplist = []
    tmplist2 = []
    tmplist3 = []

    # ファイル冒頭のメタデータ削除
    # nはこれまでに読んだ区切り行の数
    n=0
    with open(text+'.txt', 'r', encoding='Shift_JIS') as f:
        for s in f:
            if n>=2:
                tmplist.append(s)
            if s.find('--------')>=0:
                n=n+1
```

①

```
    # ファイル末尾のメタデータ削除
    # n は連続して読んだ空行の数
    n=0
    for s in tmplist:
        # 改行コードが 1 文字分
        if len(s)==1:
            n=n+1
            if n>=3:
                break
        else:
            n=0
        tmplist2.append(s)

    # 本文中の注釈を削除
    for s in tmplist2:
        s2 = re.sub(r'《.*?》', '', s)
        s3 = re.sub(r' [# .*?] ', '', s2)
        s4 = re.sub(r' | ','',s3)
        tmplist3.append(s4)

    # 各行を、文に分割し、Unicode でファイルに出力
    with open(text2+'.txt', 'w', encoding='utf-8') as f:
        for line in tmplist3:
            sentlist = line.split('。')
            for i in range(len(sentlist)):
                s = sentlist[i]
                s = re.sub(r'\n','',s)
                if len(s)>0:
                    f.write(s)
                    if i<len(sentlist)-1:
                        f.write('。')
                    f.write('\n')
```

②

③

④

以下、プログラム 3.3 の重要箇所について解説する。

①ファイル冒頭のメタデータを削除

ファイル冒頭の作者名や注釈を削除する。ここでは、'-' が 8 個並んだラインを注釈の区切り行とみなし、2 つ目の区切り行までは無視するという処理をしている。

②ファイル末尾のメタデータを削除

ファイル末尾の入力者や底本に関する情報を削除する。これらの情報は「空行を 3 行続けた後に入力」というルールになっているので、連続する空行をカウントし、空行が 3 行になれば読み込みを終了するという処理をしている。

③本文中の注釈を削除

ルビや字下げ等に関する注釈を削除。青空文庫の入力ルールを参考にして、正規表現で除去

```
　一
　　吾輩は猫である。
名前はまだ無い。
　どこで生れたかとんと見当がつかぬ。
何でも薄暗いじめじめした所でニャーニャー泣いていた事だけは記憶している。
吾輩はここで始めて人間というものを見た。
しかもあとで聞くとそれは書生という人間中で一番獰悪な種族であったそうだ。
この書生というのは時々我々を捕えて煮て食うという話である。
しかしその当時は何という考もなかったから別段恐しいとも思わなかった。
ただ彼の掌に載せられてスーと持ち上げられた時何だかフワフワした感じがあったばかりである。
```

〔図3.3〕整形後のテキストの例

ルールを記述している。ここでは、「《　》で囲まれた文字列」「［］で囲まれた文字列」「文字列'｜'」
をそれぞれ削除している。ここで、'［'と']'は全角であるので注意されたい。

④文の分割

　得られたテキストは、そのままでは1つの行に複数の文が含まれているため、1文が1行に
なるように分割する。ここでは、句点「。」で終わっている文を単純に1文とみなし、「。」を
区切りとした分割を Python の split 関数で行っている。会話文等をより適切に扱うためには、
より複雑なルールを書く必要がある。

　上記プログラムによる変換結果は図3.3のようになる。なお、段落の最初の空白については、
表示の際などに段落のマーカーとして使えることから残してあるが、気になる場合は削除して
しまってもよい。

3.5　分かち書きと形態素解析

　分かち書き（word segmentation）とは、文を単語に切り分ける処理であり、また形態素解析
（morphological analysis）とは、分かち書きに加え各単語に文法的情報（品詞や原形等）を付与する処理
である。特に、前者の分かち書きは、日本語を始めとするアジア系言語を対象とする場合には、非
常に重要な処理となる。英語の場合には、"This is a pen." という文を単語に分割するためには、ピリオ
ドを取り除き、半角スペースで区切られた文字列のリストを作ればよい。プログラム3.4に例を示す。

プログラム 3.4

```
s='This is a pen.'
s.replace('.','')
s.split()
# 結果は、以下のようになる
# ['This', 'is', 'a', 'pen.']
```

　しかし、日本語の「今日はいい天気だ。」という文を単語の列に分割しようとしても、単語の境界が明示されていないため、どう単語分割していいのか不明である。日本語の文を単語のリストに変換するためには、分かち書きや形態素解析を行うライブラリが必須である。

　本章では、形態素解析ライブラリの中でも最も多く使われている MeCab を用いる（MeCab 以外にも、最近では、janome や GiNZA という Python に特化したライブラリが開発・公開されている）。MeCab は、以下を実行することで導入できる。

プログラム 3.5

```
!apt install mecab libmecab-dev mecab-ipadic-utf8 -y
!pip install natto-py
```

　mecab-ipadic-utf8 は、単語を定義する辞書ファイルとよばれるものである。また、natto-py は、MeCab を Python から利用できるようにするためのライブラリであり、MeCab の出力を解釈して、Python で扱うことのできるデータ形式に変換する。

　プログラム 3.6 は、natto-py を利用し、何もオプションを指定せずに、形態素解析の結果を出力するプログラムである。

プログラム 3.6

```
from natto import MeCab
mc = MeCab()
print(mc.parse('昨日の東京はとても暑かったと思います。'))
```

　なお、以下のようにコマンドラインでの実行を行っても同じ結果が得られる。

```
!echo '昨日の東京はとても暑かったと思います。' | mecab
```

　出力結果を図 3.4 に示す。EOS というのは、文の終わりを表す仮想的な単語である。

　単語ごとに、その品詞や読み方などさまざまな情報が表示されている。たとえば、カンマで区切られた情報の 7 番目には、原形とよばれる情報が入っている。なお原形とは、動詞や形容詞などの活用語に対し、単語の形が元の単語（辞書の見出し語）から変化している場合（「暑かっ」に対する「暑い」等）に、元の単語（見出し語）のことを指す。

　MeCab では、出力のフォーマットを指定することもできる。プログラム 3.7 に、表層形（文に現れた文字列そのままの形）・品詞・原形のみを表示するプログラムを示す。また、結果を図 3.5 に示す。

```
昨日      名詞,副詞可能,*,*,*,*,昨日,キノウ,キノー
の        助詞,連体化,*,*,*,*,の,ノ,ノ
東京      名詞,固有名詞,地域,一般,*,*,東京,トウキョウ,トーキョー
は        助詞,係助詞,*,*,*,*,は,ハ,ワ
とても    副詞,助詞類接続,*,*,*,*,とても,トテモ,トテモ
暑かっ    形容詞,自立,*,*,形容詞・アウオ段,連用タ接続,暑い,アツカッ,アツカッ
た        助動詞,*,*,*,特殊・タ,基本形,た,タ,タ
と        助詞,格助詞,引用,*,*,*,と,ト,ト
思い      動詞,自立,*,*,五段・ワ行促音便,連用形,思う,オモイ,オモイ
ます      助動詞,*,*,*,特殊・マス,基本形,ます,マス,マス
。        記号,句点,*,*,*,*,。,。,。
EOS
```

〔図 3.4〕形態素解析の結果

プログラム 3.7

```
from natto import MeCab
# 表層形、品詞、原形を抽出して feature に格納
with MeCab('-F%m,%f[0],%f[6]') as mc:───────────────①
    text = ' 昨日はとても暑かったと思います。'
    for w in mc.parse(text, as_nodes=True):───────────②
        print(w.feature)
```

以下、プログラム 3.7 の重要箇所について解説する。

①形態素解析の出力情報の指定

　MeCab には、出力させる情報を選択する–F オプションがある。なお、natto-py では、MeCab のオプションを引数の形で指定する。–F オプションにおいて、%m は単語の文字列そのものを、%f[i] は、図 3.4 の 2 列目に表示されているカンマ区切りの情報のうちの i+1 番目の情報を示す。①では、%m, %f[0], %f[6] を、カンマ区切りで出力させる指定をしている。

②出力情報を表示

　parse コマンドで、as_nodes オプションを True にすると、形態素解析された単語をオブジェ

```
昨日,名詞,昨日
は,助詞,は
とても,副詞,とても
暑かっ,形容詞,暑い
た,助動詞,た
と,助詞,と
思い,動詞,思う
ます,助動詞,ます
。,記号,。
EOS
```

〔図 3.5〕形態素解析の結果（簡潔な出力例）

クトとして扱うことができるようになる。それぞれのオブジェクトの feature プロパティに、
①で指定した形式の情報が格納されている。

　プログラム 3.8 は、MeCab を利用し、文章中に出現する名詞だけを取り出し、頻度を計測す
るプログラムである。実行結果を図 3.6 に示す。

プログラム 3.8

```
from natto import MeCab
freq = {}

# 表層形と品詞を抽出
with MeCab('-F%m,%f[0]') as mc:                                           ①
    with open('neko.txt', 'r') as f:
        for s in f:
            for w in mc.parse(s, as_nodes=True):
                # 表層形と品詞をリストに格納
                flist = w.feature.split(',')
                if len(flist)>1:
                    word = flist[0]
                    pos = flist[1]                                       ②
                    if pos == '名詞':
                        # 単語のカウントを1増やす
                        if word in freq:
                            freq[word]=freq[word]+1
                        else:
                            freq[word]=1

# 結果を頻度順に表示
sa = sorted(freq.items(), key=lambda x: x[1], reverse=True)
sa[:10]
```

```
[('の', 1610),
 ('事', 1207),
 ('もの', 981),
 ('君', 973),
 ('主人', 932),
 ('ん', 703),
 ('よう', 695),
 ('人', 602),
 ('一', 554),
 ('何', 539)]
```

〔図 3.6〕頻度上位の名詞リスト

以下、プログラム 3.8 の重要箇所について説明する。

①出力形式の指定

MeCab を、%m（単語そのもの）と %f[0]（品詞）をカンマ区切りで出力させるオプションを付加して起動する。

②名詞のみを取り出す

プログラム 3.7 と同様、parse を as_nodes=True オプションで呼び出す。各単語の feature プロパティには、①で指定した通り、各情報をカンマで区切ったものが格納されているため、split 関数でリストに変換する。リストの 2 つ目の情報（flist[1]）が品詞になるので、名詞の場合、頻度計測のための連想配列 freq において、単語の頻度を 1 増やす。

また、動詞を原形に戻し、同様に頻度を計測する場合は、プログラム 3.9 のようになる。結果を図 3.7 に示す。

プログラム 3.9

```
from natto import MeCab
freq = {}

# 表層形、品詞、原形を抽出
with MeCab('-F%m,%f[0],%f[6]') as mc:
    with open('neko.txt', 'r') as f:
        for s in f:
            for w in mc.parse(s, as_nodes=True):
                # 表層形、品詞、原形をリストに格納
                flist = w.feature.split(',')
                if len(flist)>2:
                    pos = flist[1]
                    root = flist[2]
                    # 品詞が動詞だったら、原形の頻度を 1 増やす
                    if pos == '動詞':
                        if root in freq:
                            freq[root]=freq[root]+1
                        else:
                            freq[root]=1

# 結果を頻度順に表示
sa = sorted(freq.items(), key=lambda x: x[1], reverse=True)
sa[:10]
```

```
[('する', 3655),
 ('いる', 1776),
 ('云う', 1408),
 ('なる', 1118),
 ('ある', 1081),
 ('見る', 675),
 ('思う', 502),
 ('来る', 459),
 ('れる', 450),
 ('聞く', 347)]
```

〔図3.7〕頻度上位の動詞リスト

　MeCab をはじめとする多くの形態素解析プログラムでは、単語が固有名詞（人名や地名、組織名など）であるか否かの判定も可能である。固有名詞だけを頻度計測する例をプログラム3.10 に示す。また、結果を図3.8 に示す。

プログラム3.10

```
from natto import MeCab
freq = {}
# 表層形、品詞細分類 (1) を抽出
with MeCab('-F%m,%f[1]') as mc:                                                ①
    with open('neko.txt', 'r') as f:
        for s in f:
            for w in mc.parse(s, as_nodes=True):
                # 表層形、品詞細分類 (1) をリストに格納
                flist = w.feature.split(',')
                if len(flist)>1:
                    word = flist[0]
                    subpos = flist[1]
                    # 品詞細分類 (1) が固有名詞なら、
                    # 頻度をカウント
                    if subpos == '固有名詞':                                    ②
                        word = flist[0]
                        if word in freq:
                            freq[word]=freq[word]+1
                        else:
                            freq[word]=1

# 結果を頻度順に表示
sa = sorted(freq.items(), key=lambda x: x[1], reverse=True)
sa[:10]
```

以下、プログラム3.10 の重要箇所について説明する。

```
[(' 寒月 ', 198),
 (' 金田 ', 119),
 (' 沙弥 ', 99),
 (' 鈴木 ', 85),
 (' 仙 ', 84),
 (' 独 ', 83),
 (' 大分 ', 53),
 (' 驚 ', 51),
 (' 雪江 ', 41),
 (' 多々良 ', 40)]
```

〔図 3.8〕頻度上位の固有名詞

①取得する品詞情報の指定

　図 3.4 に示されているように、固有名詞の情報は、品詞情報の 2 番目（MeCab では「品詞細分類 (1)」とよばれている）として表示されるので、MeCab の出力オプションに f[1] を指定する。

②固有名詞のみを取り出す

　指定された f[1] の文字列に固有名詞が含まれている場合のみ、頻度を計測する。

3.6　単語以外の切り分け単位

　通常、自然言語処理では、単語を基本的な処理単位とするが、場合によっては、単語以外の処理単位を用いたほうが都合がよいことがある。3.6.1 節では、単語以外の処理単位の代表的な例としてバイグラムを、また 3.6.2 節では、近年、特に深層学習に基づく機械翻訳などでよく用いられている SentencePiece について紹介する。

3.6.1　バイグラム

　単語バイグラム（word bigram）は、隣り合う 2 つの単語をまとめて 1 つの単位とみなしたものである。すなわち、A,B,C,D,E,... という単語の列があったときに、AB,BC,CD のような単語どうしをつなげた文字列をそれぞれ新しい単語とみなす。たとえば「機械学習」という言葉は、「機械」と「学習」という 2 つの単語がつながったものであるが、通常の単語分割では、「機械」と「学習」に分かれてしまい、「機械学習」という本来 2 単語が担う全体的な意味が失われてしまう。単語バイグラムを用いることで、「機械」と「学習」のほかに、「機械学習」を処理の単位として加えることができる。これにより、たとえば、文書分類において、分類に有効な特徴量をバイグラムの中から発見する等の使い方ができるようになる。また、3 単語の連接を**トライグラム**（trigram）、さらに一般に、n 単語の連接のことを **N グラム**（N-gram）とよぶが、多くの場合は、バイグラムだけでも十分な効果がある。なお、バイグラムやトライグラムの種類数は、単語そのものよりもはるかに多いため、利用する際は、頻度で足切りするなどの処理が必要である。プログラム 3.11 に、『吾輩は猫である』から、頻度の高いバイグラムを列挙するプログラムを示す。

プログラム 3.11

```python
from natto import MeCab
freq = {}
# 文の単語を空白で区切って出力するオプション
with MeCab('-Owakati') as mc:                                        ①
    with open('neko.txt', 'r') as f:
        for s in f:
            wordlist = mc.parse(s).split()                          ②
            for i in range(len(wordlist)-1):
                # 隣り合う2単語を連結
                w1 = wordlist[i]
                w2 = wordlist[i+1]
                bigram = w1+'-'+w2                                  ③
                if bigram in freq:
                    freq[bigram]=freq[bigram]+1
                else:
                    freq[bigram]=1

# 結果を頻度順に表示
sa = sorted(freq.items(), key=lambda x: x[1], reverse=True)
for a in sa:
    if a[1]>=100:
        print(a[0],'( 頻度 =',a[1],')')
```

以下、プログラム 3.11 の重要箇所について説明する。

① MeCab の起動

MeCab で -Owakati オプションを用いると、品詞情報を出力せず、単に単語をスペースで区切った結果を出力する。

②単語リストを wordlist に格納

各文の parse の解析結果が、単語のスペース区切りとして得られるため、これを split() でリストに分割する。

③計測結果を表示

リストの隣り合う 2 要素を連結し、1 つの新しい単語として連想配列 freq に格納する。

図 3.9 に結果を示す。「である」や「と云う」のような、並びやすい単語のまとまりが表示されている。これらの情報は、文章における言い回しの特徴などをとらえるのに適しており、たとえば、文章が「である」調であることの判定といった単純なものから、文書分類タスクなどで、テキストの細かい特徴を機械学習に用いることにより、分類の精度向上を図るといった使い方がある。

```
[(' し - て ', 1229),
 (' て - いる ', 1105),
 (' 」 - と ', 1080),
 (' で - ある ', 960),
 (' ある - 。 ', 946),
 (' て - 、 ', 940),
 (' た - 。 ', 834),
 (' ない - 。 ', 764),
 (' が - 、 ', 743),
 (' と - 云う ', 641)]
```

〔図 3.9〕頻度上位の bigram

3.6.2　単語に依存しない分割

　単語は、人間にとって理解しやすい単位であり、テキストマイニングなどで結果を表示する際には、単語を単位とすることが望ましい。しかし、機械学習の前処理においては、必ずしも単語を単位とする必要はない。このことに着目し、機械学習にとってより望ましい切り分け方を実現する手法がいくつか存在する。ここでは、その 1 つである SentencePiece を紹介する。

　SentencePiece では、文字列の出現頻度に応じて、切り分けの長さを調整する。出現頻度の低い文字列は、より短い文字列に分割することで、出現頻度を確保する。たとえば、情報系の教科書のような文書では、「機械学習」という文字列は頻度が高いため分割されないが、一方で、もし「睡眠学習」という文字列があれば、このような文字列の頻度は低いため、「睡眠」と「学習」という 2 つの文字列に分割される。

　SentencePiece は、以下のように、pip でインストールできる。

```
!pip install sentencepiece
```

　インストール後、SentencePieceTrainer.Train を用いることで、対象となるテキストから最適な切り分けを学習する。なお、この関数の主な引数を表 3.1 に示す。以下の例では、『吾輩は猫である』のテキスト全部から、切り分けを学習する。

〔表 3.1〕SentencePieceTrainer.Train の主要な引数一覧

引数名	内容
input	入力テキストファイル
model_prefix	学習結果を保存するファイル名 実際には、'.model' の拡張子がついたファイルとして保存される。
character_coverage	目標とする文字のカバー率 日本語のようにさまざまな文字がある場合は、100% よりも小さい値にするほうがよい（開発者は 0.9995 を推奨している）。
vocab_size	切り分けの結果得られる文字列の種類数

```
# SentencePiece モジュールをインポート
import sentencepiece as spm

# コーパスを分析し、最適な切り分けを見つける
spm.SentencePieceTrainer.Train(\
    '--input=neko.txt --model_prefix=sentencepiece \
    --character_coverage=0.9995 --vocab_size=8000')
```

学習した結果を用いて、文を解析するには、以下のようにする。sp.Load で、先ほど学習した結果（sentencepiece.model というファイル名で保存されている）を読み込んでいる。

```
sp = spm.SentencePieceProcessor()
# 先ほど学習した結果をロード
sp.Load('sentencepiece.model')
print(sp.EncodeAsPieces('この時から吾輩は決して鼠をとるまいと決心した。'))
# 結果は、以下のようになる
#  ['_この時', 'から', '吾輩は', '決して', '鼠', 'を', 'と',
#  'るまい', 'と', '決心した', '。']
```

SentencePieceProcessor は、学習結果を用いて、実際に処理を行うモジュールである。上記のプログラムでは、文を切り分ける関数 EncodeAsPieces を用いて、実際の文章を切り分けている。結果はコメントに示した通りであり、「この時」や「吾輩は」のように、単語ではないがよく使われる言い回しが、1つのかたまりとして認識されていることがわかる。

SentencePiece では、対象テキストの統計データを基に分割語彙を決めるので、テキストの中でまとまりのよい文字列が語彙として登録されることになる。プログラム 3.12 は、SentencePiece で得られた語彙のうち 5 文字以上のものを、頻度順に並べるプログラムである。

プログラム 3.12

```
from natto import MeCab
freq = {}
with open('neko.txt', 'r') as f:
    for s in f:
        # SentencePiece で文を分割
        wordlist = sp.EncodeAsPieces(s) ────────────────────────①
        for word in wordlist:
            if word in freq:
                freq[word]=freq[word]+1
            else:
                freq[word]=1

# 結果を頻度順に表示
sa = sorted(freq.items(), key=lambda x: x[1], reverse=True)
```

```
for a in sa:
    if a[1]>=10:
        if len(a[0])>=5:
            print(a[0],'( 頻度 =',a[1],')')
```

　上記プログラムでは、①において、SentencePiece による切り分けを行っている。それ以外は、単語カウントのプログラム（プログラム 3.8）と同様である。

　プログラム 3.12 の出力結果を図 3.10 に示す。『吾輩は猫である』に特徴的な文末表現が多く取得できているほか、「苦沙弥先生」のような出現頻度の高い名詞句のまとまりも存在していることがわかる。

```
じゃないか ( 頻度 = 107 )
......」( 頻度 = 99 )
かも知れない ( 頻度 = 64 )
じゃありませんか ( 頻度 = 53 )
ものだから ( 頻度 = 51 )
に相違ない ( 頻度 = 47 )
をしている ( 頻度 = 44 )
?それから ( 頻度 = 40 )
......( 頻度 = 40 )
......」「 ( 頻度 = 40 )
ヴァイオリン ( 頻度 = 38 )
であるから ( 頻度 = 38 )
?ところが ( 頻度 = 36 )
と云うのは ( 頻度 = 36 )
仕方がない ( 頻度 = 31 )
このくらい ( 頻度 = 31 )
てしまった ( 頻度 = 30 )
いっしょに ( 頻度 = 30 )
んでしょう ( 頻度 = 30 )
ものである ( 頻度 = 30 )
例のごとく ( 頻度 = 29 )
はありません ( 頻度 = 29 )
苦沙弥先生 ( 頻度 = 28 )
```

〔図 3.10〕SentencePiece で得られた語彙の例

3.7　単語 ID への変換

　単語 ID への変換とは、各単語を対応する整数値（各単語に割り振られた ID 番号）に置き換える処理である。たとえば、後述の文書ベクトルを作成する際、単語のままでは、連想配列による表現になるが、単語 ID へ変換すれば、整数を添字とする通常の配列で実装することが可能になる。これらの処理を行うライブラリも存在するが、本節では、説明のため、実際に単語ID へ変換するプログラムを記述してみる。図 3.11 には、単語を単語 ID に変換し、その後、単語 ID を添字とする頻度ベクトルを作成する例を示している。

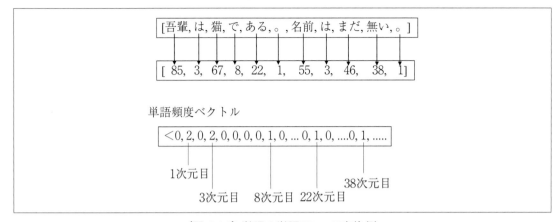

〔図 3.11〕単語の単語 ID への変換例

　単語 ID への変換においては、すべての単語を対象とすることもあるが、以下に説明するさまざまなフィルタリングにより、変換対象となる単語を削減することが多い。以下に、代表的なフィルタリングを説明する。

頻度による足切り

　頻度の低い単語、たとえば、テキストに 1 回しか出現しない単語等は、機械学習やテキストマイニングにおいて、ノイズとなることが多い。頻度があらかじめ設定された値を下回った単語を削除することで、このようなノイズを避けることができる。また逆に、頻度が高すぎる単語（「これ」「私」など）もあまりにも一般的すぎて、役に立たないことが多いため、削除するときがある。この場合は、頻度上位 N 単語を削除する処理を行う。

品詞によるフィルタリング

　重要な単語と重要でない単語は、品詞である程度判別できる。一般には、助詞や助動詞など、あまり文章の意味とは関係のない単語（機能語）を省くことが行われる。機能語以外の単語（内容語）については、「名詞だけを使う」「名詞と動詞を使う」「名詞の中でも、代名詞は省く」など、さまざまな選択肢がある。

　動詞に関しては、使うべきか否かは、試行錯誤で決めることが多い。たとえば「出版する」という表現は、「出版」という名詞と、「する」という動詞に分けられることが多く、名詞を残すだけで十分であると考えられる。逆に、動詞を残すと、「する」のようにあまり意味を持たない動詞（これを軽動詞（light verb）とよぶ）も残るため、結果が悪くなることもあるので注意が必要である。

単語の置き換え

　場合によっては、文中の単語をそのまま使わず、別の単語に置き換えてから ID に変換する

こともある。たとえば、動詞などの活用語は、そのまま使うのではなく、単語の原形を使うことが多い。また、たとえば数字に関しては、「削除する」「0 に置き換える」「そのまま用いる」など、さまざまな方法があり、目的に合った方法を試行錯誤で選ぶのが一般的である。青空文庫の文書ではあまり問題とならないが、数字や英単語の表記に半角と全角が混ざっている場合もあり、どちらか一方の表記に統一する処理を行うこともある。

ストップワード

　不要な単語を、直接、リストとして記述する手法もある。このとき、不要な単語のことを**ストップワード**（stop word）とよび、不要な単語のリストを**ストップワードリスト**（stop word list）とよぶ。単語を登録する際に、ストップワードリスト中の単語を除去（無視）する処理を行う。

　なお、後の処理で単語の位置を使う必要がある場合など、単純に単語を削除することが難しい場合は、フィルタリングされた単語を特殊なダミー単語（UNKNOWN、あるいは UNK などと表示することが多い）に置き換える処理を行うこともある。プログラム 3.13 に、単語をフィルタリングして ID に変換する例を示す。

プログラム 3.13

```
from natto import MeCab
freq = {}
stopwords ={'それ','これ','私','の','もの','よう','ん','ら','ため','そう'}    ──①
with MeCab('-F%m,%f[0]') as mc:
    with open('neko.txt', 'r') as f:
        for s in f:
            for w in mc.parse(s, as_nodes=True):
                flist = w.feature.split(',')
                if len(flist)>1:
                    word = flist[0]
                    pos = flist[1]
                    if pos == '名詞':                    ──②
                        if not word in stopwords:        ──③
                            if word in freq:
                                freq[word]=freq[word]+1
                            else:
                                freq[word]=1
```

```
# 単語ID辞書を構築
word2id = {}
id2word = []
for s in freq:
    if not s in word2id:
        if freq[s]>=10:
            word2id[s]=len(id2word)
            id2word.append(s)

print('■ID順')
for i in range(min(10,len(id2word))):
    print('ID=',i,':',id2word[i])

print('')
print('■頻度順')
sa = sorted(freq.items(), key=lambda x: x[1], reverse=True)
for a in sa[:10]:
    print('ID='+str(word2id[a[0]]),':',a[0],'( 頻度 =',a[1],')')
```

④

以下、プログラム 3.13 の重要箇所について説明する。

①ストップワードを定義

削除したい単語の集合を、変数 stopwords として定義する。このプログラムでは、出力結果中の不要な単語を試行錯誤で追加することで、①のようなリストを作成した。

②品詞による単語のフィルタリング

本プログラムでは、名詞だけを残すという、最も一般的なアプローチを用いる。

③ストップワード除去

得られた単語が stopwords に含まれていない場合だけ、処理を行う。

④単語 ID を定義

単語と ID を対応させる連想配列 word2id と、逆に、ID と単語を対応させる配列 id2word を定義する。連想配列 id2word に、単語とその頻度が格納されているので、単語を順に見ていき、頻度が 10 以上であれば、配列 id2word に単語を追加し、word2id に ID を登録する。ID は、配列 id2word の何番目にその単語が格納されているかの値として定義する。これにより、現在 id2word に格納されている単語の数が、そのまま次に格納する単語の ID となる。

プログラム 3.13 の結果を図 3.12 に示す。単語のフィルタリングを行っているため、図 3.6 の結果とは異なっていることに注意されたい。

```
■ID 順                  ■頻度順
ID=0：一              ID=30：事（頻度 = 1207）
ID=1：吾輩            ID=167：君（頻度 = 973）
ID=2：猫              ID=94：主人（頻度 = 932）
ID=3：名前            ID=103：人（頻度 = 602）
ID=4：どこ            ID=0：一（頻度 = 554）
ID=5：見当            ID=6：何（頻度 = 539）
ID=6：何              ID=1：吾輩（頻度 = 481）
ID=7：所              ID=19：時（頻度 = 345）
ID=8：記憶            ID=531：迷亭（頻度 = 343）
ID=9：ここ            ID=70：三（頻度 = 319）

     (a) ID順                  (b) 頻度順
```

〔図 3.12〕単語 ID の登録結果

3.8　文ベクトルの生成

　テキスト処理を行う際の処理単位の 1 つに「文」がある。本節では、1 つの文を 1 つのベクトルで表現する**ベクトル空間モデル**（vector space model）について説明する。文をベクトルで表現することにより、2 つの文の間に類似度が定義できるため、ある文が与えられたときに、文書中の似た文を検索するという処理が可能となる。

Bag-of-Words

　分かち書きや形態素解析により、1 つの文を単語の列に変換することができる。文をコンピュータで処理するときに、よく用いられるのが、**Bag-of-Words**（BoW）とよばれる表現形式である。Bag-of-Words は、テキスト中に出現する単語を出現頻度とともに列挙したリストであり、そのままでベクトルの一種として用いることができる。

　たとえば、「今日は暑いが、明日も暑い。」という文を単語分割すると、図 3.13（a）のようなリストとなり、Bag-of-Words 表現に変換すると、図 3.13（b）のような頻度付き辞書となる。また、助詞を取り除くフィルタリングを行った場合には、図 3.13（c）のようになる。

tf-idf

　Bag-of-Words では、各単語にその単語の出現頻度を結び付けていたが、文の意味を表現する

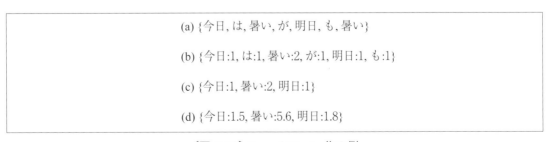

(a) {今日, は, 暑い, が, 明日, も, 暑い}

(b) {今日:1, は:1, 暑い:2, が:1, 明日:1, も:1}

(c) {今日:1, 暑い:2, 明日:1}

(d) {今日:1.5, 暑い:5.6, 明日:1.8}

〔図 3.13〕Bag-of-Words 化の例

際に、「今日」のような一般的な単語よりも、「暑い」という単語のように、より文の意味解釈に重要な単語を重視したいという場合がある。すべての単語を平等に扱うのではなく、重要な単語をより重視するという表現の1つに **tf-idf** がある。tf-idf では、単語 w のスコア（重要度）は、式 (3-1) で定義される。

$$freq(w) \cdot \log\left(\frac{D}{D_w}\right) \quad \dots\dots\dots\dots\dots\dots\dots\dots\dots\dots\dots\dots\dots\dots\dots\dots\dots\dots\dots\dots \text{(3-1)}$$

上式では、文書中の単語 w の出現頻度 $freq(w)$ に、$\log(D/D_w)$ という値を掛けている。ここで、D は文書中のすべての文の数であり、D_w は単語 w が出現する文の数（文書頻度）である。単語 w が「珍しい」単語である（あまり多くの文に出現しない単語である）ときには、式 (3-1) の値は大きくなり、「今日」のような多くの文に出現する単語では、小さな値となる。先ほどの Bag-of-Words の例をもとに、各単語に対応する tf-idf を計算すると、たとえば、図 3.13 (d) のようになり、単純な頻度ではない値が対応付けされることになる。

ベクトルへの変換

各単語を単語 ID へ変換することにより、Bag-of-Words をベクトルで表現することができる。たとえば、「暑い」の単語 ID が 27 で、対応するスコアが 2 であれば、ベクトルの 27 次元目の値を 2 に設定する。また、文中に該当単語がない場合には、その単語 ID に対応する次元に 0 を設定する。以上をもとに、文をベクトルに変換して文の類似度を求めるプログラムをプログラム 3.14 に示す。また、プログラムの実行結果の例を図 3.14 に示す。

プログラム 3.14

```python
from natto import MeCab
import math
import numpy as np
freq = {}
dfreq = {}
# docs に ( 文 , 単語リスト ) のペアを格納
docs = []
with MeCab('-F%m,%f[0]') as mc:
    with open('neko.txt', 'r') as f:
        for s in f:
            wordlist = []
            # 文中に出現した単語の集合
            wordset = set()
            for w in mc.parse(s, as_nodes=True):
                flist = w.feature.split(',')
                if len(flist)>1:
                    word = flist[0]
                    pos = flist[1]
                    if pos == ' 名詞':
```

```
                        wordset.add(word)
                        wordlist.append(word)
                        if word in freq:
                              freq[word]=freq[word]+1
                        else:
                              freq[word]=1
            docs.append((s,wordlist))
            # wordset 中の各単語のカウントを 1 増やす       ┐
            for w in wordset:                            │
                if w in dfreq:                           │
                    dfreq[w]=dfreq[w]+1                  ├──────────────── ①
                else:                                    │
                    dfreq[w]=1                           ┘

# 単語 ID 辞書を構築
word2id = {}
for s in freq:
    if not s in word2id:
        if freq[s]>=10:
            word2id[s]=len(word2id)

# 次元数
dim = len(word2id)
docnum = len(docs)

# docs2 に（文 , 文ベクトル）のペアを格納
docs2 = []
for doc in docs:                                        ┐
    vec = np.zeros(dim)                                 │
    wordlist = doc[1]                                   │
    for w in wordlist:                                  │
        if w in word2id:                                │
            id = word2id[w]                             │
            df = dfreq[w]                               ├──────────────── ②
            # IDF 値の計算                               │
            idf = math.log(docnum/df)                   │
            # tf-idf ベクトルを作る                      │
            # +idf を +1 に変えると、Bag-of-Words になる  │
            vec[id]=vec[id]+idf ─────────────────────────────────────── ③
    # ベクトルを長さ 1 になるように正規化                ┐
    norm = np.linalg.norm(vec, ord=2)                   │
    if norm>0:                                          ├──────────────── ④
        vec = vec/norm                                  │
    docs2.append((doc[0], vec))                         ┘

# 本文中の 1 文をクエリ文として設定
query = docs2[6]
```

```
print(' クエリ文 : '+query[0])
print()
queryvec = query[1]

simlist = {}
# 本文中の各文とクエリ文の類似度を simlist に登録
for id in range(len(docs2)):
    doc = docs2[id]
    vec = doc[1]
    sim = np.inner(vec, queryvec)
    simlist[id] = sim

# 類似度順に文をソート
sa = sorted(simlist.items(), key=lambda x: x[1], reverse=True)

# 類似度の大きい順に上位 10 件を表示
for i in range(10):
    ida = sa[i]
    id = ida[0]
    doc = docs2[id]
    print(' 類似度 : '+str(ida[1]))
    print(' 類似文 : '+doc[0])
```

⑤

以下、プログラム 3.14 の重要箇所について説明する。

①文書頻度のカウント

文書頻度（df）を計測する。同一文から同じ単語を 2 回以上カウントしないように、各文に、登場する単語を集合 wordset に格納している。

②ベクトルの定義

各文について、tf-idf ベクトルを計算し、元の文と tf-idf ベクトルのペアをリスト（docs2）に追加する。

③ベクトルの各次元の計算

各文の単語分割結果（wordlist）の要素を順に見て、対応する ID を word2id から取り出し、その次元の値を idf の値だけ増加させる。

④ベクトルの正規化

後述するように、ベクトルの内積で類似度を計算する場合には、ベクトルの長さを 1 に正規化しておく必要がある。NumPy の linalg.norm でベクトルの長さを計算し、ベクトルの各次元を長さで割る。

⑤ベクトルの類似度計算

NumPy の inner 関数を用いて、2 つのベクトルの内積を計算し、simlist に格納する。

```
クエリ文：しかもあとで聞くとそれは書生という人間中で一番獰悪な種族であったそうだ。


類似度：1.0000000000000002
類似文：しかもあとで聞くとそれは書生という人間中で一番獰悪な種族であったそうだ。

類似度：0.4798832726561701
類似文：しばらくして泣いたら書生がまた迎に来てくれるかと考え付いた。

類似度：0.4798832726561701
類似文：一番仕舞にね。

類似度：0.4798832726561701
類似文：書生は裏手へ廻る。

類似度：0.4547639890993315
類似文：一番大きいのはいくつになるかね、もうよっぽどだろう」

類似度：0.43040201804921496
類似文：なるほどいくら風通しがよく出来ていても、人間には潜れそうにない。

類似度：0.4292787597492533
類似文：そして昔しの書生時代の友達と話すのが一番遠慮がなくっていい。

類似度：0.42900183314620166
類似文：掌の上で少し落ちついて書生の顔を見たのがいわゆる人間というものの見始であろう。

類似度：0.42500650243361704
類似文：誰かあとをつけて来そうでたまりません。

類似度：0.42196005728967206
類似文：そのあとは静まり返って、枕をはずしたなり寝てしまう。
```

〔図 3.14〕tf-idf による類似文検索結果

　なお、プログラム 3.14 の ③ において、vec[id]=vec[id]+idf と なっている 部分を vec[id]=vec[id]+1 に変えることで、tf-idf を使わない単純な Bag-of-Words によるベクトル表現となる。Bag-of-Words を用いたときの実行結果を図 3.15 に示す。

　クエリ文自身が一番高い類似度となっていることは同じだが、その他の文については順位がかなり異なっている。tf-idf を利用した検索では、「書生」や「一番」のような単語の idf 値が高くなり、「書生」の出現する文が上位に検索されているのに対し、Bag-of-Words を利用した検索では、「人間」のようなより一般的な単語を手掛かりとして検索している様子をうかがうことができる。

クエリ文：しかもあとで聞くとそれは書生という人間中で一番獰悪な種族であったそうだ。

類似度：0.9999999999999998
類似文：しかもあとで聞くとそれは書生という人間中で一番獰悪な種族であったそうだ。

類似度：0.5345224838248487
類似文：なるほどいくら風通しがよく出来ていても、人間には潜れそうにない。

類似度：0.4364357804719848
類似文：それだから魚の往生をあがると云って、鳥の薨去を、落ちると唱え、人間の寂滅をごねると号

類似度：0.4364357804719848
類似文：誰かあとをつけて来そうでたまりません。

類似度：0.40089186286863654
類似文：一番小さいのがバケツの中から濡れ雑巾を引きずり出してしきりに顔中撫で廻わしている。

類似度：0.3779644730092272
類似文：しばらくして泣いたら書生がまた迎に来てくれるかと考え付いた。

類似度：0.3779644730092272
類似文：人間もこのくらい偏屈になれば申し分はない。

類似度：0.3779644730092272
類似文：人間はこう自惚れているから困る。

類似度：0.3779644730092272
類似文：××に聞くとそれは按腹揉療治に限る。

類似度：0.3779644730092272
類似文：モゴモゴしばらくは苦しそうである。

〔図 3.15〕Bag-of-Words による類似文検索結果

3.9　機械学習の利用

　本節では、機械学習アルゴリズムをテキストデータに適用する実例を通じて、テキストデータが実際にはどのように前処理されるのかをみていく。まず、3.9.1 節で、必要なライブラリについて解説したあと、テキストを対象とした機械学習でよく用いられる手法について、それぞれ必要な前処理を紹介する。

3.9.1　gensim

　gensim は、トピックモデル（topic model）とよばれる機械学習手法を用いるためのライブラリである。以下で紹介する LDA は、トピックモデルの一種である。また、gensim には、3.9.4 節で紹介する word2vec を扱うための関数も用意されている。前節で紹介した自然言語処理やテキスト処理の前処理に関する関数もさまざまなものが用意されているので、効率的にプログラミングを進めていくことができる。

なお、以降では、gensim のほか、scikit-learn（sklearn）も用いる。gensim が自然言語処理に特化しているのに対し、scikit-learn は、より機械学習一般を対象としているが、自然言語処理に関する関数も多数用意されている。

3.9.2　潜在ディリクレ配分法

　潜在ディリクレ配分法（latent Dirichlet allocation; LDA）は、トピックモデルの一種であり、文章の集合が与えられたときに、トピック（topic）とよばれる単語分布を自動的に推定することのできる手法である。

　LDA の適用例として、たとえば、政府の教育予算に関するニュース記事から、「教育」に関するトピック（「高校」「入学」…）、「経済」に関するトピック（「予算」「出費」…）、「政治」に関するトピック（「政党」…）などを抽出することを行う。「高校」と「入学」、「予算」と「出費」などの単語ペアは、同一の文章に出現する（共起する）確率が高い。単語の共起を手掛かりに「出現する確率の高い単語のまとまり」を自動的にまとめたものがトピックである。図 3.16 に、トピック推定の例を示す。各トピック（話題）においてどのような単語が使われやすいかが、単語の出現確率の形（「経済」に関するトピックであれば、「円」の出現確率が 0.05 など）で表現されている。

　プログラム 3.15 に、LDA のための前処理を行うプログラム例を示す。使用するテキストは、これまでと同様、『吾輩は猫である』の全文である。

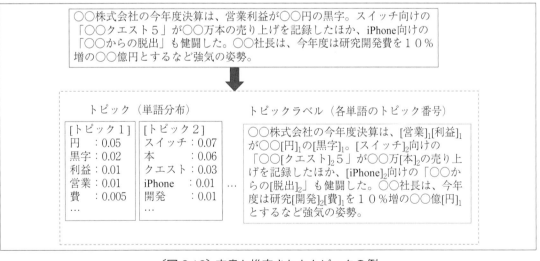

〔図 3.16〕文章と推定されたトピックの例

プログラム 3.15

```python
from natto import MeCab
import math
import numpy as np

# gensim をインポート
import gensim
# 前処理に必要なモジュールを、gensim からインポート
from gensim import corpora, models, similarities

docs=[]
stopwords ={'それ','これ','私','の','もの','よう','ん','ら','ため','そう'}

with MeCab('-F%m,%f[0]') as mc:
    with open('neko.txt', 'r') as f:
        for s in f:
            # 各文を単語リストに変換し、リスト docs に加える
            wordlist = []
            for w in mc.parse(s, as_nodes=True):
                flist = w.feature.split(',')
                if len(flist)>1:
                    word = flist[0]
                    pos = flist[1]
                    if pos == '名詞':
                        if not word in stopwords:
                            wordlist.append(word)
            docs.append(wordlist)

# 辞書を構築
dictionary = corpora.Dictionary(docs)
#dictionary.filter_extremes(no_below=2)
# 構築された辞書を使い、単語リストを Bag-of-Words に変換
corpus = [dictionary.doc2bow(doc) for doc in docs]
```

①
②
③

以下、プログラム 3.15 の重要箇所について説明する。

①テキストから単語リストを取得

LDA では、使用する単語をあらかじめフィルタリングして絞っておいたほうが、見やすい結果が得られることが多い。ここでは、文を単語リストに変換したあと、名詞のみを残し、ストップワードを除去している。結果は docs に格納され、文（を単語リストに変換したもの）のリストとなる。

②辞書の構築

gensim には、3.7 節で紹介した、単語を ID に変換するための関数も用意されている。gensim の corpora モジュールをインポートすると、コーパス（ここでは、文のリスト）を入力とし、辞書を出力

とする関数 corpora.Dictionary が使えるようになる。なお、次の行では、filter_extremes という関数を使い、低頻度語を辞書から除くという処理がコメントアウトされている。コメントアウトを外すと、頻度 1 の単語は除かれる。ただし、今回のように、1 つの小説を詳細に分析したい場合には、なるべく多様な単語を分析できたほうがよいため、頻度 1 の単語も分析対象としている。

③単語リストを ID リストに変換

　corpora.Dictionary 関数の出力（ここでは変数 dictionary で示されたオブジェクト）は、単語リストを Bag-of-Words 表現に変換するための関数 doc2bow を持っている。doc2bow を、コーパス docs の各要素（すなわち、各単語リスト）に適用することで、各要素を Bag-of-Words で表現されたベクトルに変換することができる。

　上記の処理で得られた corpus の最初の 4 つを表示するには、以下のようにする。結果をコメントに記述する。

```
corpus[:4]
# 結果は、以下のようになる
# [[(0, 1)], [(1, 1), (2, 1)], [(3, 1)], [(4, 1), (5, 1)]]
```

　次に、LDA を実行し、トピックを抽出する。LDA の実装には、さまざまなプログラムやライブラリが公開されているが、以下では、gensim に用意されているライブラリ LdaMallet を用いる。LdaMallet は、Mallet というライブラリを Python から使用できるようにするためのラッパーである。このため、まずライブラリ本体である Mallet をインストールする。Mallet は Java 言語で書かれているため、Java のプログラムをコンパイルするための ant のインストールが必要である。Mallet は、以下でインストールすることができる。

```
!apt install default-jdk
!apt install ant
!git clone https://github.com/mimno/Mallet
%cd Mallet/
!ant
%cd ..
```

　以上で、LdaMallet を使うことができるようになる。プログラム 3.16 に、LdaMallet を用いて LDA を実行するためのプログラムを示す。

プログラム 3.16

```
# LdaMallet のインポート
from gensim.models.wrappers import LdaMallet

# LDA の学習
model = LdaMallet('Mallet/bin/mallet',
    corpus=corpus, num_topics=100,
    id2word=dictionary, alpha=3.0, iterations=1000) ——————①

# 結果の表示
model.print_topics(100, num_words=5)
```

　上記プログラムでは、①において、先ほど準備した corpus と dictionary を引数として、LdaMallet を実行している。その他のパラメータを、表3.2 に示す。

　図3.17 に実行結果の例の一部を示す。結果は、各トピックに所属する単語が出現確率とともに表示されている。確率値が大きいほど、そのトピックに属する確率が高い（トピックに関連が深い）単語ということになる。たとえば、トピック0 には、登場人物の一人「寒月」に関する単語が並んでいる。また、トピック9 では「細君」との会話に関係する単語が集まっているなど、同一の話題に使われそうな単語が同一のトピック番号の関連語として表示されている。

〔表3.2〕LdaMellet の主要なパラメータ一覧

パラメータ名	内容
num_topics	トピックの数 大きくするほど、さまざまなトピックを取り出せるが、文章中にそれほど多くの話題がない場合には、同じトピックの単語が分散してしまうことになるため、実行結果を見ながら値を調節していく必要がある。一般的には、100 くらいを指定しておけば、問題のないことが多い。
alpha	単語の出現頻度をどの程度重視するか 低頻度語も重視したい場合は、alpha を小さくする。また、今回のようにコーパスが小さい場合も、低頻度語が多くなるので、小さな値に設定したほうがよい。デフォルト値は 100 だが、今回は 3 に設定している。
iterations	学習回数 回数に比例して学習時間も増えるが、回数が少ないと、学習が不十分になる可能性がある。一般的には、デフォルト値である 1,000 回を指定しておけば問題ない。

```
[(0, '0.122*" 寒月 " + 0.080*" 博士 " + 0.051*" 君 " + 0.030*" 珠 " + 0.029*" 事 "'),
 (1, '0.097*" 事 " + 0.072*" 何 " + 0.067*" 馬鹿 " + 0.061*" 人 " + 0.061*" 男 "'),
 (2, '0.084*" 一つ " + 0.065*" 湯 " + 0.037*" 二つ " + 0.032*" 穴 " + 0.032*" 煙草 "'),
 (3, '0.075*" 時 " + 0.059*" とき " + 0.057*" 吾輩 " + 0.047*" 場 " + 0.043*" 顔 "'),
 (4, '0.136*" 猫 " + 0.115*" 人間 " + 0.080*" 事 " + 0.075*" 吾輩 " + 0.028*" 彼等 "'),
 (5, '0.039*" 黒 " + 0.039*" 着物 " + 0.036*" 珍 " + 0.036*" 今日 " + 0.036*" 帯 "'),
 (6, '0.072*" 名前 " + 0.060*" 名 " + 0.043*" 僕 " + 0.031*" 爺さん " + 0.031*" 小説 "'),
 (7, '0.062*" 吾輩 " + 0.059*" 猫 " + 0.059*" 黒 " + 0.042*" 車屋 " + 0.035*" 主人 "'),
 (8, '0.229*" 一 " + 0.168*" 人 " + 0.027*" 自分 " + 0.023*" 中 " + 0.021*" 狸 "'),
 (9, '0.092*" 細君 " + 0.063*" 迷亭 " + 0.050*" あなた " + 0.043*" 何 " + 0.040*" 主人 "'),
```

〔図3.17〕LDA によるトピック抽出例

なお、今回使用したライブラリは、**ギブスサンプリング**（Gibbs sampling）とよばれるサンプリング手法（確率モデルに従ってサンプリングを行う手法）を用いているため、実行するたびに結果は大きく変わる。得られた結果がよい結果かどうかを、何度か実行して確かめるとよい。

3.9.3　サポートベクトルマシン

　サポートベクトルマシン（support vector machine; SVM）は、教師あり学習に基づく代表的なクラス分類アルゴリズムである。本節では、『吾輩は猫である』と『怪人二十面相』の2つの作品から文を持ってきて、「どの文がどちらの作品か」を学習させてみる。プログラム 3.17 に、SVM のための前処理を行うプログラムを示す。

プログラム 3.17

```
from natto import MeCab
# scikit-learn から、tf-idf ベクトル用モジュールをインポート
from sklearn.feature_extraction.text import TfidfVectorizer

docs = []
labels = []
inds = []
with MeCab('-Owakati') as mc:
    with open('neko.txt', 'r') as f:
        for s in f:
            s2 = mc.parse(s)# 単語をスペースで区切る
            docs.append(s2)
            labels.append(1)
            inds.append(len(inds))
    with open('kaijin.txt', 'r') as f:
        for s in f:
            s2 = mc.parse(s)# 単語をスペースで区切る
            docs.append(s2)
            labels.append(0)
            inds.append(len(inds))

vectorizer = TfidfVectorizer(use_idf=True) ───────────────②
vecs = vectorizer.fit_transform(docs) ───────────────③

docs2 = vecs.toarray()
```

①の範囲

　以下、プログラム 3.17 の重要箇所について説明する。

①テキストから単語リストを取得

　SVM では、単語をスペースで区切った文字列を、そのまま入力として用いることができる。英語ならば、文をそのまま入力できるが、日本語の場合は、MeCab の wakati オプションを用

いて、文の単語境界をスペースで区切っておく。単語に区切った結果は、docs に文字列のリストとして格納する。また、各文に付与する正解ラベルを、labels にリストとして格納する。docs の i 番目の文に対応するラベルが、labels の i 番目の要素となる。ラベル 1 が『吾輩は猫である』、ラベル 0 が『怪人二十面相』である。inds は、後から文を復元するために、docs の各文が何番目の文であるかというインデックスを格納するリストである。

②辞書の構築

　scikit-learn には、tf-idf ベクトルを作成するための関数が用意されている。具体的には、sklearn.feature_extraction.text から、TfidfVectorizer モジュールをインポートしておき、TfidfVectorizer オブジェクトを生成する。ここで、パラメータに use_idf=True を指定することで、tf-idf ベクトルを生成することが可能になる。

③単語リストを ID リストに変換

　TfidfVectorizer オブジェクトの fit_transform 関数を、文（ただし、単語がスペースで区切られたもの）のリストに適用することにより、それぞれの文を tf-idf ベクトルに変換したリストが得られる（実際には、行列表現からリスト表現へ変換する関数 toarray が必要）。

　以上の前処理の結果を使って、SVM の分類器を学習するプログラムをプログラム 3.18 に示す。なお、今回の処理では、ベクトルの次元数が大きいため、プログラムの実行には時間を要する。

プログラム 3.18

```
import numpy as np

# scikit-learnから、教師あり学習に必要なモジュールをインポート
from sklearn.pipeline import make_pipeline
from sklearn.preprocessing import StandardScaler
from sklearn.model_selection import train_test_split
from sklearn.model_selection import cross_val_score

# Pythonのリストを、NumPy配列に変換
X = np.array(docs2)                                                    ①
y = np.array(labels)

# 学習データとテストデータに分割
train_x, test_x, train_y, test_y, train_i, test_i \
    = train_test_split(docs2, labels, inds, test_size=0.2)            ②

# scikit-learnから、SVMのモジュールをインポート
from sklearn.svm import SVC
```

```
# SVM を学習
clf = make_pipeline(StandardScaler(), SVC(gamma='auto'))  ──────────────③
clf.fit(train_x, train_y)  ─────────────────────────────────────────────④
```

以下、プログラム 3.18 の重要箇所について説明する。

① np.array への変換

docs2 および labels を、scikit-learn で使用できるように、np.array オブジェクトに変換する。

②学習データとテストデータへの分割

　教師あり学習では、データを学習データとテストデータ（あるいは検証データ）に分け、モデルの学習には学習データのみを用いる。学習したモデルの性能を測るためには、学習に使わなかったデータ（テストデータ）のラベルをどの程度正確に予測できるかを測定する必要がある。sklearn.model_selection の関数 train_test_split を用いることでデータを学習データとテストデータに分割できる。test_size は、データの何％をテストデータとして用いるかを指定するパラメータである（0.2 なら 20％となる）。特に指定がなければ、分割はランダムに行われる。

③パイプラインの作成

　make_pipeline で、前処理と SVM を連結したパイプラインを作る。パイプラインとは、入力から出力までの一連の処理をまとめたものであり、外部からは、データを入力して内部で学習を行い、結果を出力する一種のブラックボックスとしてとらえることが可能になる。ここでは、入力の各ベクトルに対し、StandardScaler とよばれる前処理を追加し、特徴量（ベクトルの各次元）の値のばらつきを抑える標準化を行っている。なお、③の部分から、前処理を省く（③の行を、clf = SVC(gamma='auto') と置き換える）と分類精度は低下する。

④ SVM の学習

　作成したパイプラインの関数 fit を呼ぶことで、SVM の学習を実行する。第 1 引数がデータ（数値ベクトル）のリスト、第 2 引数がラベルのリストである。

　次に、プログラム 3.18 により学習した SVM 分類器を用いて、テストデータの分類を行う。テストデータの最初の 5 つを取り出すプログラムを以下に示す。

```
for i in range(0,5):
    print(test_y[i], docs[test_i[i]])
```

　結果は、図 3.18 のようになる。なお、学習データとテストデータはランダムに分割しているため、結果はプログラム 3.18 の実行のたびに変わることに注意されたい。

　また、これらのデータのラベルは、以下で予測することができる。この場合、すべて正解ラ

```
1「結婚って誰の結婚です」
1――ねえ寒月君それからどうしたい」と急に乗気になって、また
1持て余すくらいなら製造しなければいいのだが、そこが人間である。
0もう夜が明けましたよ。
0「ちくしょうっ。
```

〔図3.18〕SVM のテストデータの例

ベルと一致するラベルを予測できている。

```
clf.predict(test_x[0:5])
# 結果は、以下のようになる。
# array([1, 1, 1, 0, 0])
```

また、以下を実行することで、得られたモデルの正解率を、テストデータ全体を使って測定することができる。約86%と高い精度で2つの作品の文を分類できていることがわかる。

```
clf.score(test_x, test_y)
# 結果は、以下のようになる。
# 0.8617350890782339
```

3.9.4 単語分散表現

　単語分散表現は、近年の機械学習で主流となっている単語の表現方法であり、1つの単語に1つの実数ベクトルを対応させる手法である。対応する実数ベクトルは、単語の意味を反映したものとなっており、似たような意味を持つ単語は、似たようなベクトルに対応づけられる。ベクトルを利用することで、たとえば、異なる単語どうしの意味の類似度をベクトルの内積や距離で計算することが可能となる。

　図3.19 に、単語分散表現の例を示す。「猫」と「犬」のように類似した意味の単語に、方向の似たベクトルが対応づけられている。図3.19 では、説明のため、2次元のベクトルを用いているが、実際には、分散表現の次元数は、数十から数百程度の大きな値となる。

　以下では、ライブラリ word2vec を用いた、単語分散表現への変換方法について説明する。word2vec では、**スキップグラム**（skip-gram）と**連続 Bag-of-Words**（continuous Bag-of-Words; CBoW）という2種類のモデルが実装されており、パラメータの推定手法においても、**ネガティブサンプリング**（negative sampling）と**階層ソフトマックス法**（hierarchical softmax）という2種類の手法を選べるが、性能や速度の点から、スキップグラムとネガティブサンプリングの組み合わせが選ばれることが多い（これを Skip-gram with Negative Sampling（SGNS）とよぶ）。

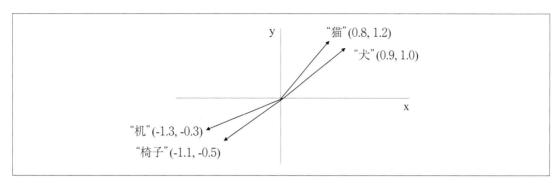

〔図 3.19〕単語分散表現ベクトルの例

〔図 3.20〕Skip-gram の概要図

　スキップグラムとは、ある単語から、その単語の周辺にある単語を予測するというタスクを通じて、分散表現ベクトルを学習する手法である（図 3.20 参照）。図の例では、「冬」という単語から、周辺の単語（たとえば、「寒い」や「雪」など）の出現を予測している。予測タスクを通じて、同じ文に共起しやすい単語には、類似したベクトルが割り当てられるように学習が行われる。

　プログラム 3.19 に、単語分散表現ベクトルを学習するプログラムを示す。『吾輩は猫である』に出現する頻度 3 以上の単語について、分散表現ベクトルを学習している。

プログラム 3.19

```
from natto import MeCab
corpus = []
labels = []
with MeCab('-Owakati') as mc:
    with open('neko.txt', 'r') as f:
        for s in f:
            s2 = mc.parse(s) # 単語をスペースで区切る
            corpus.append(s2.split())

# gensimから、word2vec用モジュールをインポート
from gensim.models import word2vec

# corpusに格納されたデータから、分散表現ベクトルを学習
model = word2vec.Word2Vec(sentences=corpus, sg=1, min_count=3, window=5) ──────①
```

　上記プログラムでは、①において、文（各文は、単語リストで表現）のリストを入力として、

オブジェクト Word2Vec を生成する。その他のオプションを表3.3 に示す。

　以下では、学習結果のオブジェクト（プログラム 3.19 では model）に定義された関数のうち与えられた単語に近い意味の単語を返す most_similar を使い、「猫」という単語に似た単語を検索する。結果を図 3.21 に示す。

```
model.wv.most_similar(' 猫 ')
```

　「人間」や「動物」など、「猫」と同様の使われ方をする単語が上位に現れており、ある程度、単語の意味が学習できていることがわかる。なお、word2vec の学習においても、初期値等でランダムな要素があるので、結果は実行するたびに多少変化することに注意されたい。各単語に対応するベクトルが知りたい場合には、model[' 猫 '] のように、配列のインデックスとして単語を指定する。

　word2vec による分散表現ベクトルは、大規模なコーパスで学習することで、より高精度のベクトルとなる。Web 上には、大規模なコーパスを用いて学習した分散表現ベクトルがいくつか公開されている。ここでは、公開されているベクトルの１つである日本語 Wikipedia エンティティベクトル[4] を用いる。本書執筆時の最新版は 20190520 となっている。さまざまなサイズのモデルファイルがあるが、一番サイズの小さい 'jawiki.word_vectors.100d.txt.bz2' をダウンロード

〔表 3.3〕Word2Vec の主要なパラメータ一覧

パラメータ名	内容
sentences	学習に使用する文のリスト 各文は、単語のリストとなっている必要がある。
sg	sg=1 のとき、スキップグラムを使用
min_count	単語の最低頻度 今回は、使用するテキストが、小説１つと小さいので、最低頻度も低めに設定してある。
window	文脈語として何単語離れたところまで考慮するか 一般的に「ウインドウサイズ」とよばれる。

```
[(' 人間 ', 0.9536315202713013),
 (' 必要 ', 0.9324998259544373),
 (' 逆上 ', 0.9323182106018066),
 (' 者 ', 0.9223759174346924),
 (' 君子 ', 0.9208922386169434),
 (' 到底 ', 0.9190035462379456),
 (' にとって ', 0.9136399626731873),
 (' 動物 ', 0.9130210876464844),
 (' 研究 ', 0.9129811525344849),
 (' 自己 ', 0.9056507349014282)]
```

〔図 3.21〕word2vec による「猫」の類似単語の例

---

[4] https://github.com/singletongue/WikEntVec/releases

し、解凍する。解凍後のファイル 'jawiki.word_vectors.100d.txt' をアップロードして使用する。

　ファイルサイズが大きいため、Google Drive を用いる。アップロード先は、Google Drive のホームディレクトリである '/content/drive/My Drive/' とする。'/content/drive/My Drive/' に、解凍後のファイルをアップロードした後、プログラム 3.20 を実行する。

プログラム 3.20

```
from google.colab import drive
drive.mount('/content/drive')
%cd /content/drive/MyDrive

# word2vec のベクトル読み込みのためのモジュールをインポート
from gensim.models import Word2Vec
from gensim.models import KeyedVectors

# 学習済みベクトルを読み込む
model = KeyedVectors.load_word2vec_format(\
    'jawiki.word_vectors.100d.txt', binary=False) ─────────────────①
```

　上記プログラムでは、①において、ベクトルファイルを読み込んでいるが、今回使用するベクトルファイルは、単語とベクトルを列挙したテキストファイルという簡素な形式で提供されている。本形式のファイルを読み込むためには、gensim に用意された KeyedVectors を使用する。KeyedVectors.load_word2vec_format にファイル名を指定する（なお、テキストファイルの場合は、binary=False を指定する）。

　日本語 Wikipedia エンティティベクトルは、Wikipedia 日本語版の全文から学習しているので、さまざまな単語が収録されている。たとえば、「猫」の類義語を検索すると、図 3.22 のような結果が得られる。

```
[(' ネコ ', 0.8693021535873413),
 (' 犬 ', 0.8554199934005737),
 (' 黒猫 ', 0.8504155874252319),
 (' 子猫 ', 0.8439076542854309),
 (' うさぎ ', 0.8413079380989075),
 (' ウサギ ', 0.8409874439239502),
 (' 野良猫 ', 0.8381407260894775),
 (' 仔猫 ', 0.8311816453933716),
 (' 金魚 ', 0.8290610313415527),
 (' キツネ ', 0.8264572620391846)]
```

〔図 3.22〕word2vec による「猫」の類義語

3.9.5　ニューラルネットワークへの入力

　近年の自然言語処理では、深層ニューラルネットワークがよく用いられている。本節では、3.9.3で紹介した SVM と同じデータを用いて、2つの小説を分類する問題を、簡単なニューラルネットワークで解いてみよう。

　データの処理は、プログラム 3.17 と同様であるので、省略する。以下のプログラムを実行する場合は、先にプログラム 3.17 を実行して、docs, labels, inds を読み込んでおく必要がある。また、以下のプログラムでは、各単語を分散表現ベクトルに変換するため、事前に、分散表現ベクトルを準備しておく必要がある。先にプログラム 3.20 を実行し、word2vec による分散表現ベクトルを読み込んでおく。

　プログラム 3.17 とプログラム 3.20 を実行しておくことを前提に、プログラム 3.21 に、ニューラルネットワークのための前処理を行うプログラムを示す。

プログラム 3.21

```python
# word2vec で読み込んだモデルを、2 次元の NumPy 配列に変換
# word_index は、単語をキーとしてベクトルを返す連想配列
import numpy as np
from tensorflow import keras

word_index={}
for key in model.vocab:
    word_index[key]=len(word_index)

num_words = len(word_index)+2  # 語彙の数
w2v_size = 100 # ベクトルの次元数

word_matrix = np.zeros((num_words, 100), dtype='float32')
# ID=0 が [PAD]、ID=1 が [UNK] に対応。どちらもゼロベクトル
word_matrix[0] = np.zeros((100), dtype='float32')
word_matrix[1] = np.zeros((100), dtype='float32')
for key in word_index:
    # 読み込んだ辞書の最初の単語が、ID=2
    word_matrix[2+word_index[key]]=model[key]
# テキスト集合の読み込み
docs2 = []
for s in docs:
    sl = s.split()
    sl2 = []
    for w in sl:
        if w in word_index:
            sl2.append(2+word_index[w])
        else:
            sl2.append(1) # OOV 単語
    docs2.append(sl2)
```

①
②

```
# np.array で行列（2次元配列）を生成するために、
# 各文（単語リスト）の長さをそろえる
# デフォルトでは、文の最後に 0 が追加される
docs3 = keras.preprocessing.sequence.pad_sequences(\
    docs2, value=0, padding='post', maxlen=100)
docs4 = np.array(docs3)
labels2 = np.array(labels)

from sklearn.model_selection import train_test_split

train_x, test_x, train_y, test_y, train_i, test_i = \
    train_test_split(docs4, labels2, inds, test_size=0.2)
```
③
④

　以下、プログラム 3.21 の重要箇所について説明する。

①ベクトルファイルを2次元配列に変換

　各単語の分散表現を表す2次元配列 word_matrix を定義する。この際、③で述べる [PAD] や [UNK] のような特殊単語を扱うため、0 番目の語を [PAD]、1 番目の語を [UNK] として定義する（どちらも、ゼロベクトルを代入しておく）。

②文を単語 ID リストに変換

　TensorFlow で自然言語処理を行う場合、最初に、埋め込み層（embedding layer）とよばれる層を追加する。埋め込み層への入力は、文のリスト（このとき、各文は単語 ID のリスト）を表す2次元の NumPy 配列である。したがって、まず入力テキストの各文を単語 ID のリストに変換したリスト docs2 を作成する。なお、深層学習においては、単語の順序や位置を学習の手がかりとして用いる場合が多いため、通常、辞書にない語（out-of-vocabulary word; OOV word）は削除せず、特殊な単語（通常、[UNK] と表示される、ID=1 の単語）に置き換えて扱う。

③テキストデータを2次元配列に変換

　docs2 および（プログラム 3.17 で得られた結果の）labels を、TensorFlow で読み込めるように、NumPy 配列の形に変換する。各文（単語リスト）の長さが異なっていると、2次元配列として認識されないため、各文の長さをそろえる pad_sequences メソッドを用いて、各文の長さを同じにする。具体的には、穴埋め用の特殊な単語（通常、[PAD] と表示される、ID=0 の単語）を、文に挿入（padding='post' を指定し、最後尾に挿入）する処理を行う。

④データの分割

　SVM の項で説明した通り、データを学習データとテストデータに分割する。

　得られたデータおよびラベルの一部は、以下のようにして見ることができる。いずれの結果も NumPy 配列となる。

```
docs4[5:7] # 文のリストを見る
# 結果は、図 3.23 のようになる

labels2[5:7] # ラベルのリストを見る
# 結果は、以下のようになる
# array([1, 1])
```

　本節で使用するニューラルネットワークを図 3.24 に示すが、このネットワークは畳み込みニューラルネットワーク（convolutional neural network; CNN）によって文書を分類するモデルであり、自然言語処理で分類問題を解く際に使われる最も単純なモデルの 1 つである。図のネットワークを構築するプログラムをプログラム 3.22 に示す。

プログラム 3.22

```
# numpy, tensorflow, keras をインポート
import numpy as np
import tensorflow as tf
from tensorflow import keras
# 空のニューラルネットワークを生成
mycnn = keras.models.Sequential() ─────────────────────①
# Embedding 層を追加
mycnn.add(keras.layers.Embedding(num_words, w2v_size, weights=[word_matrix], input_length=100, \
    mask_zero=True, trainable=False)) ─────────────②
# 畳み込み層を追加
mycnn.add(keras.layers.Conv1D(100, 1, activation=tf.nn.relu)) ───③
# プーリング層を追加
mycnn.add(keras.layers.GlobalMaxPooling1D()) ──────────④
# 全結合層を追加
mycnn.add(keras.layers.Dense(1, activation=tf.nn.sigmoid)) ──────⑤
# 学習のためのモデルを設定
mycnn.compile(optimizer=tf.optimizers.Adam(),
    loss='binary_crossentropy', metrics=['accuracy']) ─────────⑥
```

　以下、プログラム 3.22 の重要箇所について説明する。

①新規ニューラルネットワークの生成

　Keras で層の重なったニューラルネットワークを用いる場合は、最初に Sequential オブジェクトを生成し、そこに層を重ねていくという手順をとる。以下、追加する各層について説明する。

②埋め込み層

　単語 ID を入力とし、各単語に対応する分散表現ベクトルに変換するための層である。分散表現ベクトルを単語 ID の順に並べた NumPy の 2 次元配列を weights に指定することで定義できる。この際、mask_zero オプションを True とすることで、[PAD] の埋め込まれた位置を無視

```
array([[93003,      7, 724,     12, 531,    14, 451,      63,  68,
          6,  228,    8,     4,   0,     0,   0,       0,   0,
          0,    0,    0,     0,   0,     0,   0,       0,   0,
          0,    0,    0,     0,   0,     0,   0,       0,   0,
          0,    0,    0,     0,   0,     0,   0,       0,   0,
          0,    0,    0,     0,   0,     0,   0,       0,   0,
          0,    0,    0,     0,   0,     0,   0,       0,   0,
          0,    0,    0,     0,   0,     0,   0,       0,   0,
          0,    0,    0,     0,   0,     0,   0,       0,   0,
          0,    0,    0,     0,   0,     0,   0,       0,   0,
          0],
       [ 4843, 2281,  12, 4305,  13, 138,     7, 50569,  63,
        451,   73,  12, 1773,   1,  37, 4568,     12,  58,
          8,  956,  72,     4,   0,   0,    0,       0,   0,
          0,    0,    0,     0,   0,   0,    0,       0,   0,
          0,    0,    0,     0,   0,   0,    0,       0,   0,
          0,    0,    0,     0,   0,   0,    0,       0,   0,
          0,    0,    0,     0,   0,   0,    0,       0,   0,
          0,    0,    0,     0,   0,   0,    0,       0,   0,
          0,    0,    0,     0,   0,   0,    0,       0,   0,
          0,    0,    0,     0,   0,   0,    0,       0,   0,
          0]], dtype=int32)
```

〔図 3.23〕ニューラルネットワークへの入力

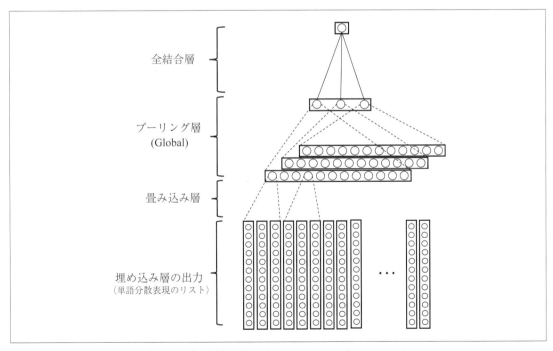

〔図 3.24〕本節で使用するニューラルネットワーク

する。

③畳み込み層

単語分散ベクトルから特徴抽出を行い、単語分散ベクトルの列を、特徴ベクトルの列に変換する。特徴ベクトルの長さを長くするほど、多様な特徴を抽出でき、分類性能も向上する。本プログラムでは 100（図では 3）を指定している。

④プーリング層

畳み込み層で得られた特徴ベクトルの値を、隣接したいくつかの単語で共有し、最大値を求めるための層である。本プログラムでは、GlobalMaxPooling という全単語に渡るプーリングを行う層を用いている。すなわち、各特徴を、単語の位置によらず、文全体にわたって抽出しており、自然言語処理ではしばしば使われる方法である。

⑤全結合層

前の層で得られた文全体を表す特徴ベクトルをもとに、ラベル予測を行うニューラルネットを学習するための層である。

⑥学習用モデルの構築

compile メソッドにより、学習アルゴリズムや損失関数を指定し、モデルが完成する。

　学習を実行するためには、以下のように、関数 fit を呼び出す。第 1 引数に入力（データ）、第 2 引数に出力（ラベル）を指定する。先ほど説明したように、入力は単なるリストではなく、NumPy 配列となっている必要がある。学習の様子を図 3.25 に示す。

```
mycnn.fit(train_x, train_y, epochs=5)
```

　学習結果を使って、テストデータのラベルを予測するには、以下のように evaluate を用いる。95% 以上の高い精度で分類できていることがわかる。

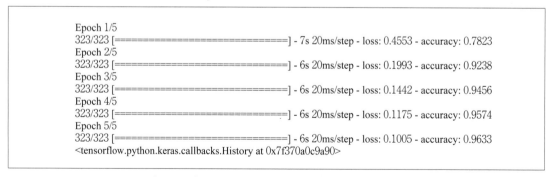

```
Epoch 1/5
323/323 [==============================] - 7s 20ms/step - loss: 0.4553 - accuracy: 0.7823
Epoch 2/5
323/323 [==============================] - 6s 20ms/step - loss: 0.1993 - accuracy: 0.9238
Epoch 3/5
323/323 [==============================] - 6s 20ms/step - loss: 0.1442 - accuracy: 0.9456
Epoch 4/5
323/323 [==============================] - 6s 20ms/step - loss: 0.1175 - accuracy: 0.9574
Epoch 5/5
323/323 [==============================] - 6s 20ms/step - loss: 0.1005 - accuracy: 0.9633
<tensorflow.python.keras.callbacks.History at 0x7f370a0c9a90>
```

〔図 3.25〕ニューラルネットワークの学習の様子

```
mycnn.evaluate(test_x, test_y)
# 結果は、以下のようになる
# 81/81 [==============================] - 0s 4ms/step -
# loss: 0.1142 - accuracy: 0.9551
# [0.11424261331558228, 0.9550735950469971]
```

4章

画像データにおける前処理

本章では、深層学習を用いた画像認識システムを構築する際に必要な前処理について述べる。はじめに、従来の画像認識システムを説明し、深層学習モデルがどのように導入され、精度向上が実現されたのかについて解説するとともに、深層学習を導入したシステムを利用する際に不可欠な前処理を紹介する。また、深層学習を用いた画像認識システムとして畳み込みニューラルネットワークを紹介し、簡単にCNNを構築できる手順を紹介する。特に、深層学習モデルを構築する際には、大量の画像データが必要になるが、準備できる画像データが少ない場合に適用される前処理、および深層学習モデルの構築方法について述べる。

4.1 深層学習を用いた画像認識システム

　画像認識システムは深層学習モデルが導入されたことで、認識精度が飛躍的に向上した。自動運転システムや個人認証システムなどは、その代表例である。画像認識システムに深層学習モデルがどのように貢献したのかを理解するために、深層学習モデルが導入される以前の従来のシステムを紹介した後、深層学習モデルの叩き台になっているニューラルネットワークの構成内容を説明する。その後、画像認識システムにおけるニューラルネットワークの役割、およびニューラルネットワークなどの機械学習モデルを利用する際に必要不可欠な前処理について解説する。

4.1.1 従来の画像認識システム

　画像認識システムとして、入力画像に類似した画像を大量の画像データベースから検索する画像検索システムを例にあげる。図 4.1 に従来の画像検索システムの流れを示す。画像検索システムは事前に実施する登録処理とリアルタイムに行われる検索処理に分かれている。まず登録処理では、検索対象となる大規模画像集内の個々の画像に対して、色や形状などの特徴量を抽出する。図 4.1 の色特徴量としては、画像内の色の分布を表すカラーヒストグラムを示しており、横軸は色合い、縦軸は各色が使用されている画素数を表している。ここで検出された特徴量は多次元ベクトルとして表現され、一旦、特徴量データベースに登録される。次に検索処理では、入力画像に対して登録処理と同様に特徴量抽出および多次元ベクトル化が行われる。

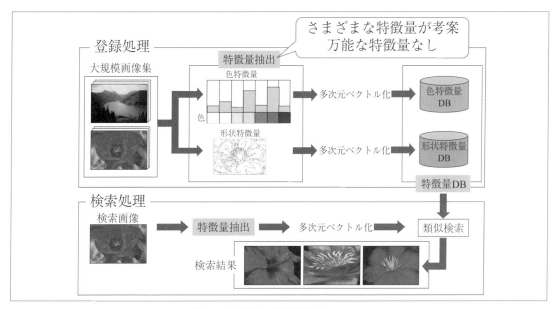

〔図 4.1〕従来の画像検索システム

〔表 4.1〕画像特徴量の推移

1990 年代〜	2000 年〜 2005 年	2006 年〜現在
大域的特徴量 （画像全体の特徴）	局所的特徴量 （画像一部の特徴）	局所的特徴量の関連 （部分的な繋がり）
カラーヒストグラム Wavelet LBP 高次局所自己相関	SIFT SURF Haar-like HOG	Joint Haar-like Joint HOG

　その後、特徴量データベース内のデータとの類似度計算により類似度の高い画像が出力されることになる。ベクトル間の類似度計算にはユークリッド距離やコサイン距離が用いられる。

　画像検索システムの精度を向上させるためには、人間の認知能力と同等な識別機能を持つ特徴量を抽出することが重要になる。図 4.1 に示すカラーヒストグラムは非常に単純な特徴量であるが、そのほかにもさまざまな特徴量が考案されてきた。現在までに考案された主な画像特徴量を表 4.1 に示す。当初は大域的な特徴量から始まり、局所的特徴量、局所的特徴量の関連性などを考慮する特徴量が考案されてきたが、万能な特徴量は存在せず、検索精度は頭打ちになっていた。

　画像認識の精度を高めるためには、不変性と弁別性という相反する性質を併せ持つ特徴量が必要であり、それが画像認識の困難さの原因だと考えられている。不変性が高い特徴量とは、物体の大きさや向きが変動しても同じカテゴリとして鈍感に識別できる局所的な特徴量である。一方、弁別性が高い特徴量とは、類似したカテゴリを敏感に識別できる大局的な特徴量である。このように画像認識には、鈍感さと敏感さ、局所性と大局性とを併せ持つ特徴量が必要になる。従来の画像認識システムでは、これら双方の能力を同時に有する特徴量が導入されておらず、実用化の壁となっていた。局所的特徴量である SIFT（scale-invariant feature transform）の大局的な分布状況を特徴量にした Bag-of-Features という手法も提案されたが、目覚ましい精度向上はみられなかった。

4．1．2　深層学習モデルの導入

　従来の画像認識システムでは、人間があらかじめ考案した特徴量を用いていたが、最適な特徴量を抽出することは困難であった。その問題を解決したのが深層学習モデルを導入したシステムである。例として、深層学習モデルを導入した画像検索システムを図 4.2 に示す。新しいシステムでは特徴抽出部分にニューラルネットワークから成る深層学習モデルを導入している。深層学習モデルを導入することで正解データを付与した学習データを準備する手間は増えるが、学習データから最適な特徴量を深層学習モデル内に自動構築することが可能になる。

　深層学習モデルを導入したシステムを画像認識に特化した畳み込みニューラルネットワーク（4.2 で詳細を述べる）に拡張することで、局所的な特徴量と大局的な特徴量を同時に識別する

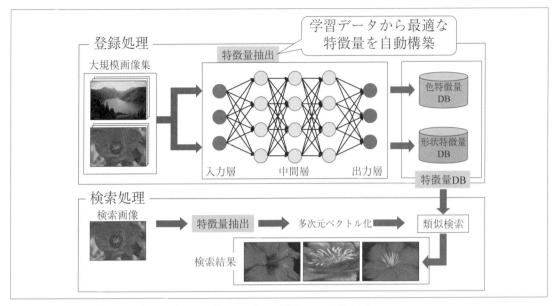

〔図 4.2〕深層学習モデルを導入した画像検索システム

ことが可能になる。しかし、深層学習モデル内に自動構築される特徴量は、人間が認知する特徴量と必ずしも一致するものではない点に注意しなければならない。人間は生物学的な相違点を先人から教育され、その相違点に着目して動植物を識別する。一方、深層学習モデルは学習データを分類するのに都合のよい特徴量を統計的に見つけているのに過ぎない。その点で AI と人間とは、まったく異なる機能を持っているといえる。

4.1.3　ニューラルネットワーク

　深層学習モデルの基盤となるニューラルネットワーク（neural network）の構造について説明する。ニューラルネットワークの基本的な構成内容を図 4.3 に示す。ニューラルネットワークは入力層、中間層、出力層から構成される。各層の丸印部分をユニットとよび、入力層から出力層に向けて各ユニットの値が伝搬（順伝播）される。隣接層のユニット間は矢印でリンクされており、i 番目のユニットと j 番目のユニット間のリンクには重み w_{ij} が設定されている。**順伝播**（forward propagation）では式（4-1）に示すように、前層のユニット値の出力に各重みを掛け合わした総和が計算され、その値を入力とする活性化関数 φ の出力値が後層のユニット値 u_j となる。なお、b_i はバイアス値を示す。

$$u_j = \varphi\left(\sum_{i=0}^{n}\left(x_i w_{ij} + b_i\right)\right) \quad \cdots\cdots (4\text{-}1)$$

　活性化関数（activation function）には、ユニット値の上限と下限の範囲（スケール）を揃える

こと、入力データの特徴を際立たせることなどの役割がある。活性化関数として、さまざまな関数が考案されているが、対象とする問題や適用する層などに応じて使い分ける必要がある。主な活性化関数名と用途を表4.2に示す。回帰問題とは株価の予測のように、学習データの傾向から未知の数値を予測する問題である。分類問題とは画像に写っているオブジェクトの分類のように、データを決められた複数のクラスに分類する問題である。

　順伝播では、入力層から出力層に向けて伝搬させたいユニット値には大きな重み、反対に伝搬したくない値には小さな重みを設定することで、入力層に与えた特徴に応じて出力層に適した結果を得ることができる。図4.3の例では、入力層は3次元のベクトル値、出力層は（分類の場合）3クラスの分類確率値となる。なお、ニューラルネットワークが考案された第2次AIブーム（1980年〜1990年半ば）当初のモデルは、中間層が数層程度の浅いモデルであった。それに対して現在の深層モデルの中間層は数十層から数百層にもわたる深いモデルとなっている。当然、深いモデルのほうが識別能力は高くなり認識精度も向上する。中間層を深くできる

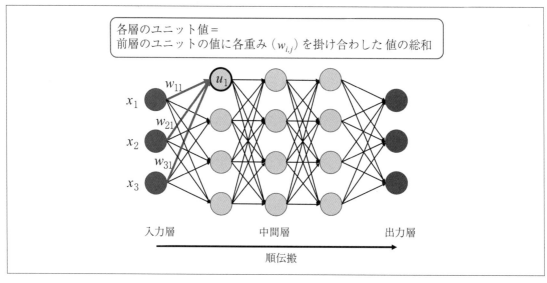

〔図 4.3〕ニューラルネットワークの構成

〔表 4.2〕主要な活性化関数一覧

関数名	用途
ReLU（ランプ関数）	勾配損失しにくいため中間層
恒等関数（線形関数）	回帰問題の出力層
tanh（hyperbolic tangent）関数 （ハイパボリックタンジェント）	回帰問題の出力層
シグモイド（sigmoid）関数	2値分類問題の出力層
ソフトマックス（softmax）関数	多値分類問題の出力層

ようになった原因としては、PC のスペックが向上したこともあるが、超大規模なデータを学習できるようになった点が大きい。

　次に、ニューラルネットワークの学習方法について図 4.4 を用いて説明する。学習の際には、入力層に数値データを与えるとともに、入力データに対する正解ラベル（教師データ）を出力層に与える。出力層では入力データに対する出力結果と教師データとの間に生じる予測誤差を求め、この誤差が小さくなるように各重み（パラメータ群）を更新する。パラメータ群は出力層から入力層方向に更新される。この更新処理のことを**誤差逆伝搬**（back propagation）とよぶ。

　予測誤差 E の計算には、**2 乗和誤差**（sum of squares error）や**交差エントロピー**（cross entropy）を用いる。2 乗和誤差の計算式を式（4-2）に、交差エントロピーの計算式を式（4-3）に示す。ここで、y_k が出力層での出力値、t_k が教師データの正解値を示す。なお、式（4-3）の対数の底は自然対数 e である。

$$E = \frac{1}{2}\sum_{k=0}^{n}\left(y_k - t_k\right)^2 \quad\cdots\cdots\cdots\cdots\cdots\cdots\cdots\cdots\cdots\cdots\cdots\cdots\cdots\cdots\cdots\cdots (4\text{-}2)$$

$$E = -\sum_{k=0}^{n} t_k \log\left(y_k\right) \quad\cdots\cdots\cdots\cdots\cdots\cdots\cdots\cdots\cdots\cdots\cdots\cdots\cdots\cdots\cdots\cdots (4\text{-}3)$$

　2 乗和誤差は出力値と正解値との差の 2 乗和であり、回帰問題に対して用いることが多い。冒頭の係数（1/2）はパラメータ群を最適化する際に微分するために便宜上付与されている。交差エントロピーは 2 つの確率分布間の距離を表す尺度であり、多クラス分類問題に対して用いることが多い。3 クラス（犬、猫、馬）の分類問題に対する交差エントロピーの計算例を図 4.5

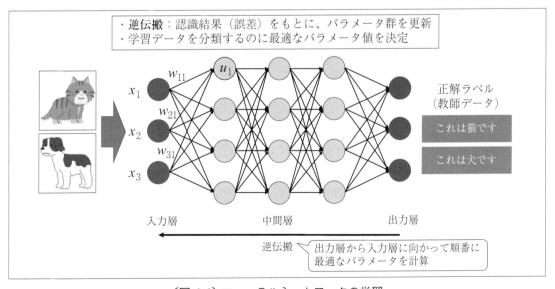

〔図 4.4〕ニューラルネットワークの学習

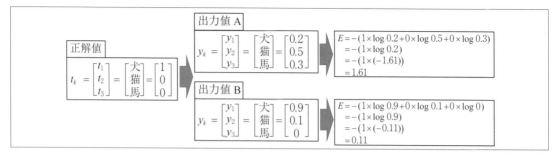

〔図4.5〕交差エントロピーの計算例

に示す。正解値、出力値ともに合計が1になる確率分布であり、犬クラス t_1 が正解なので、正解値は t_1 のみ1の確率分布になる。出力値Aと出力値Bを比べると、出力値Bのほうが正解値に近い分布になっており、分布間の距離が近いほど交差エントロピーの値は0に近くなる。

　学習の過程において、すべての学習データを用いてパラメータ群を1回更新しただけでは最適なパラメータ群を計算することはできず、学習データを繰り返し学習させる必要がある。この更新を繰り返す回数のことを**エポック**（epoch）**数**とよぶ。エポック数は少なすぎると学習が不足し、多すぎると過学習（学習データにだけ特化した汎化性能が低くなった学習）を起こしやすいため、最適なエポック数を指定する必要がある。

　エポック数を指定する目安であるが、最終的には汎化性能が高いモデルを作成することが目的になるので、通常、データを学習データと評価データに分ける。学習データはパラメータ群を更新するため、評価データは学習が正しく行えたかを評価するために用いる。学習データと評価データとの予測精度（もしくは予測誤差）が共に向上していれば、その時点でのエポック数では汎化性能が高いよいモデルが作成されている目安となる。図4.6に過学習が発生している状況での予測誤差を示す。縦軸は予測誤差（低い値になるほど、よいモデル）、横軸はエポック数を表す。「loss」のグラフは学習データの予測誤差、「val_loss」は評価データを示す。エポック数が進むにつれて予測誤差の差が大きくなっており、過学習が発生していることがわかる。過学習が発生している場合には、学習データ数を増やすか、エポック数を減らして早めに学習を打ち切る処置が必要になる。図4.6のような予測誤差や予測精度を可視化するプログラム例は、4.2.5のプログラム4.1で詳細を説明する。また、モデルの保存方法については、4.4.3のプログラム4.3で説明する。

4.1.4　勾配降下法による最適化

　ニューラルネットワークでは、パラメータ群の最適化手法として**勾配降下法**（gradient descent）を用いている。勾配降下法では、式（4-4）によりパラメータ群を最適化する。ここで、E は予測誤差、w は最適化を行うパラメータ群（重み）、η は学習係数とよばれるパラメータ

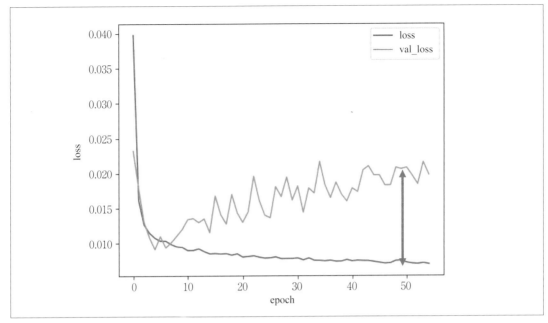

〔図 4.6〕予測誤差による過学習状況の例

を表す。式 (4-4) は、右辺の計算結果を左辺に代入し、w を更新することを表す。

$$w \leftarrow w - \eta \frac{\partial E}{\partial w} \quad \cdots\cdots\cdots\cdots\cdots\cdots\cdots\cdots\cdots\cdots\cdots\cdots\cdots\cdots\cdots\cdots\cdots \text{(4-4)}$$

　勾配降下法の説明図を図 4.7 に示す。勾配降下法は予測誤差 E をパラメータ群 w の関数とみなし、予測誤差の勾配が負ならば w を正方向に更新し、勾配が正ならば負方向に更新する。また、勾配が大きいほど最適解に遠く、勾配が小さいほど最適解に近くなり、勾配が 0 になった時点を最適解とする。ただし、この最適解は局所的最適解（本来の最適解ではなく、局所的な範囲での最適解）の可能性もある点に注意する必要がある。このように勾配降下法は予測誤差が減少する方向にパラメータ群を更新することで最適化を行う。

　勾配降下法を用いた場合、大域的最適解（大域的な全範囲での最適な解）ではなく、局所的最適解に陥ってしまうケースが多々ある。局所的最適解と大域的最適解との関係を図 4.8 に示す。以下、局所的最適解に陥ることを防ぐ方法について説明する。

　まず、学習係数による対処法を説明する。式 (4-4) の学習係数はパラメータ群の更新の度合いを表しており、人が移動する際の「歩幅」に例えることができる。この歩幅が小さいと局所的最適解で停滞する可能性が高く、大きいと局所的最適解に陥っても抜け出せる可能性が高くなる。ただし、大きすぎると予測誤差が収束しにくく大域的最適解をスキップしてしまう可能性もある。うまく学習が進まない場合には、学習係数を調整することも必要である。

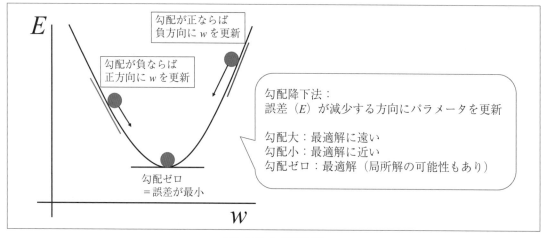

〔図 4.7〕勾配降下法

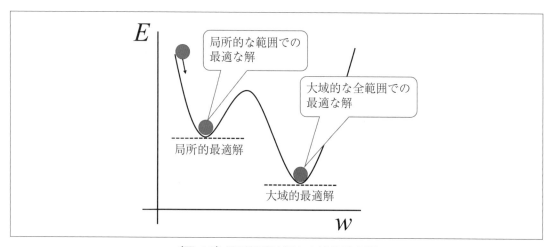

〔図 4.8〕局所解最適解と大域的最適解

　次に、ミニバッチ学習による対処法を説明する。最適化を行う際の学習データの使い方に関して、3種類の方法がある。以下に各学習方法の内容と特徴を示す。

①バッチ学習（batch learning）：全学習データの平均誤差を用いて最適化を行う。学習は高速に進むが、局所的最適解に陥る危険性は大きくなる。

②オンライン学習（online learning）：1つ1つの学習データの誤差を用いて最適化を行う。局所的最適解に陥る危険性は小さくなるが、最適解に収束しにくくなる。

③ミニバッチ学習（mini-batch learning）：学習データを小さな塊（ミニバッチ）に分割し、ミニバッチの平均誤差を用いて最適化を行う。局所的最適解に陥りにくく安定性もよい。

　ミニバッチ学習はバッチ学習とオンライン学習の中間的な学習法であり、ミニバッチのサイ

ズ（バッチサイズ）を変更することで精度が改善する可能性がある。バッチサイズは 2^n の値が使われることが多く、Keras で学習モデルを作成する fit メソッドでは、デフォルト値が 32 になっている。学習データの中にイレギュラーな値が多い場合には、バッチサイズを大きくしたほうが外れ値の悪影響が少なくなるといわれている。分類問題を対象にする場合には、ミニバッチの中に各クラスのデータが最低でも 1 個含まれるように、分類クラス数よりバッチサイズを大きくすべきである。また、図 4.6 のような予測誤差を表すグラフを確認し、誤差の振動が大きい場合には、バッチサイズを大きくするとよい。

　学習データが少なくとも 1 回学習に利用されるまでの学習回数のことを**イテレーション**（iteration）数とよび、バッチサイズが決まれば自動的に決定される。たとえば、1,000 個の学習データに対してバッチサイズを 100 に設定すると、イテレーション数は 10（1,000/100）になる。イテレーション数だけ学習を行った状態が 1 エポックになる。

4.1.5　スケーリングによる前処理

　ニューラルネットワークのように勾配を用いた機械学習手法を利用する際に必要となる前処理について説明する。学習データにおいて、特徴量の上限下限の範囲（スケール）が各次元で異なる場合、スケールの小さな次元に比べてスケールの大きな次元の勾配のほうが大きくなる。勾配降下法を用いると、スケールの大きな次元が優先して最適化され、最適解に収束できなくなる。このような状況を防ぐために、前処理として**正規化**（normalization）や**標準化**（standardization）などのスケーリングを施すことが必要になる。正規化は画像処理のように最大値と最小値が明確に決まっている場合、一方、標準化は最大値、最小値が不明、外れ値が含まれる場合など、状況に応じて使い分けるとよい。

4.2　畳み込みニューラルネットワーク

　畳み込みニューラルネットワーク（convolutional neural network; CNN）は、2012 年の国際的な画像認識コンテスト ILSVRC において提案された技術である。それまで頭打ちになっていた画像認識の精度を飛躍的に向上させることに成功し、今日の第 3 次 AI ブームの火付け役となった機械学習法である。まず、CNN と従来の NN との対応関係を示した後、CNN の構成内容について説明する。また、CNN モデルの実装例についても示す。

4.2.1　CNN の構成

　CNN は画像認識を目的に特化させたニューラルネットワークであり、**畳み込み層**（convolution layer）、**プーリング層**（pooling layer）、**全結合層**（fully connected layer）から構成される。CNN の構成内容を図 4.9 に示す。畳み込み層は入力層に与えられた画像の特徴を抽出し、プーリング層は抽出された特徴をまとめ上げる役割がある。畳み込み層とプーリング層を何回

も繰り返した後、全結合層を経由して出力層に予測結果を出力する。浅い層の畳み込み層では、線分や色彩などの局所的な特徴量が検出でき、層が深くなるにつれて（局所的な特徴がまとまることで）シルエットのような大局的な特徴量を検出できる。従来では困難であった、局所的な特徴量と大局的な特徴量を同じ範疇で認識できるモデルであるため、従来手法よりも精度向上に成功したといわれている。以降、各層で行われる処理の詳細を説明する。

4.2.2　畳み込み層

畳み込み層で行われる畳み込み処理について、図 4.10 を用いて説明する。簡略化のために、左側に示す 5×5 の画像データを入力とする。畳み込み処理では、事前にサイズの決まったフィルタを準備し、そのフィルタを画像データの左上角に重ね合わせた後、対応する画素値とフィルタ値を掛け合わせた総和を計算する。この計算を畳み込み演算とよぶ。図 4.10 の画像データ左上部で色が濃くなっている箇所がフィルタを重ね合わせた部分を表し、計算結果は −1020 になる。

その後、フィルタを右方向に 1 画素分だけスライドさせ、同様の処理を行う。右上角まで処

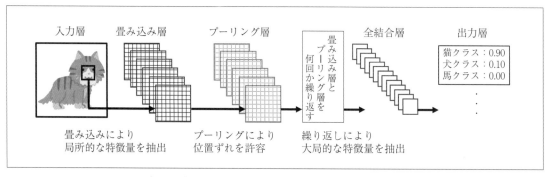

〔図 4.9〕畳み込みニューラルネットワークの構成

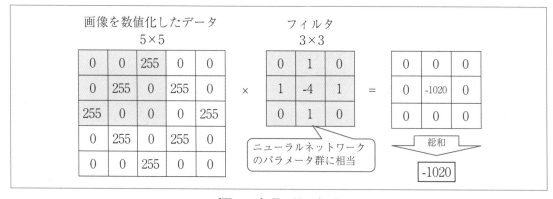

〔図 4.10〕畳み込み処理

理が終了すると、フィルタを下に1画素ずらし、左端から右端まで同様の処理を行い、すべての画像データに対して畳み込み演算を実行する。この一連の処理を畳み込み処理とよぶ。この畳み込み処理がニューラルネットワークの順伝播で行われる（活性化関数を省いた）式（4-1）に相当し、フィルタの値はニューラルネットワークのパラメータ群に相当する。

　畳み込み処理により作成された新たな画像データを**特徴マップ**とよぶ。先の例に対して畳み込み処理を実行した結果を図4.11に示す。右側の最終的な特徴マップは画素値の範囲（0〜255）に補正されており、入力データを縮小したような画像になっている。これは、図4.10で例示したフィルタがラプラシアンフィルタとよばれるエッジ検出用のものであるため、入力データのエッジ特徴が特徴マップに検出されていることを意味する。このように畳み込み層では入力画像の特徴を検出することができる。

　ニューラルネットワークでは、誤差逆伝播によりパラメータ群を最適化していた。これに対して、CNNではフィルタの値がニューラルネットワークのパラメータ群に相当するため、図4.12に示すように誤差逆伝播によりフィルタ値を最適化することになる。フィルタ値の初期値はランダムな数値が設定されており、学習によって学習データを分類するのに最適な（誤差が小さい）フィルタ値が決定される。畳み込み層では数十枚から数百枚といった大量のフィルタが準備され、さまざまな特徴を検出するフィルタが自動生成される。フィルタがN枚設定された畳み込み層では、特徴マップもN枚生成されることになる。

　Kerasの Conv2D レイヤーを用いると、2次元の畳み込み層を実装できる。Conv2D レイヤーの使用例を以下に示す。この例では、3×3のフィルタ64個が用意された畳み込み層を実装している。また、通常の畳み込みでは、図4.11に示すように元の画像よりも特徴マップのサイズは小さくなるが、**ゼロパディング**（zero padding）とよばれる元画像の周囲に0の画素値を埋

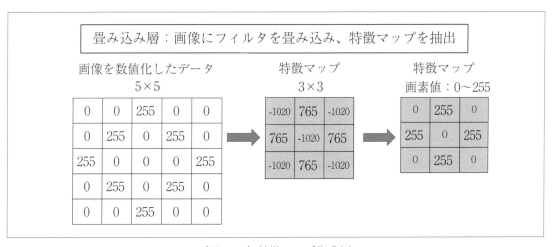

〔図4.11〕特徴マップ作成例

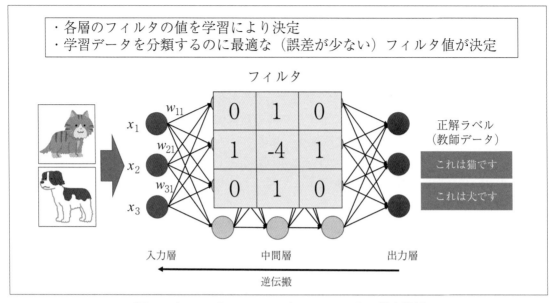

〔図 4.12〕CNN とニューラルネットワークとの対応関係

め込むことにより、特徴マップのサイズを元画像と同じ大きさにできる。第3引数ではゼロパ
ディングを指定しており、この引数を指定しなければゼロパディングは行われない。第4引数
は、このレイヤーを第1層に使うときのみ指定する必要があり、入力画像の縦横サイズ、チャ
ネル数（RGB 画像の場合は3）を表す。第5引数は活性化関数を定義しており、今回の例では
ランプ関数が指定されている。このほかにも、フィルタの移動幅なども指定可能である。

```
Conv2D(64,                       # フィルタ数
       (3,3),                    # フィルタサイズ
       padding='same',           # ゼロパディングの有無
       input_shape=(128,128,3),  # 入力データの形式
       activation='relu'         # 活性化関数
 )
```

4.2.3　プーリング層

　プーリング層では、畳み込み層で検出した特徴を集約する処理（プーリング処理）を行う。
そのため、畳み込み層の後にプーリング層が適用されることが多い。プーリング処理は**最大プ
ーリング**（maximum pooling）と**平均プーリング**（average pooling）があるが、どちらの処理も入
力される特徴マップの特定範囲内（プーリング範囲）から最大値もしくは平均値のみを出力す
る処理である。2×2のプーリング範囲で最大プーリングの処理内容を図 4.13 に示す。

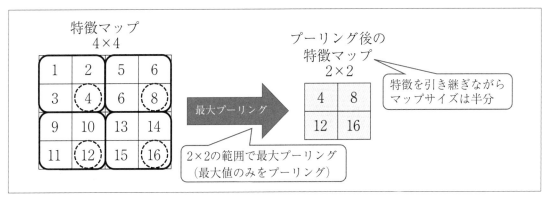

〔図4.13〕最大プーリング処理

　プーリング処理を行うことにより、画像内のオブジェクトの微小な位置変化に対して頑健となる。また、元の特徴マップの特徴を引き継ぎながらマップサイズを半分にできるので、計算コストを抑える効果もある。

　Keras の MaxPooling2D レイヤーを用いると、2次元の最大プーリングを行うプーリング層を実装できる。MaxPooling2D レイヤーの使用例を以下に示す。なお、平均プーリングを適用する場合には AveragePooling2D レイヤーを用いる。

```
MaxPoolings2D(pool_size=(2,2),      # プーリングの範囲
        padding=' same'             # ゼロパディングの有無
)                                   # same の場合は「有り」
```

4.2.4　全結合層

　全結合層での処理を図4.14に示す。まず、最後のプーリング層（または畳み込み層）から出力された特徴マップを1次元ベクトルに平坦化する。ここで、特徴マップのサイズを縦幅 H、横幅 W、チャネル数 C とすると、平坦化されたベクトル長は $H \times W \times C$ になる。次に、ベクトルの全要素と全結合層を重み付きネットワークで結合する。結合方法はニューラルネットワークと同様である。また、全結合層のサイズはベクトル長より小さくする。最後に、全結合層と出力層も同様に結合する。全結合層は平坦化したベクトルを圧縮する役割もあり、ベクトル長が大きい場合には、全結合層を複数個用いることもある。図4.2に示すような画像検索システムでは、全結合層でのベクトル値を入力画像の特徴量とみなし、画像間の類似度計算に用いることもある。

　Keras の Flatten レイヤーを用いると、特徴マップを平坦化したベクトルの層を実装できる。また、Dense レイヤーを用いると、全結合層や出力層を実装できる。Dense レイヤーの使用例

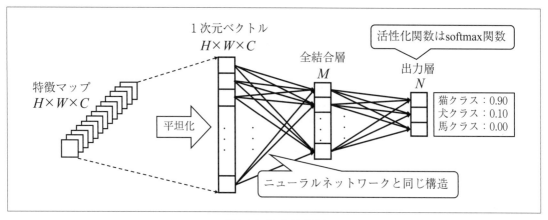

〔図 4.14〕全結合層

を以下に示す。出力層の場合、第 1 引数は分類クラス数、活性化関数は softmax を指定する。

```
Dense(128,                          # ユニット数（次元数）
        activation='relu',          # 活性化関数
)
```

4.2.5　CNN の実装例

　CNN の実装例として、手書き数字データセットである MNIST を用いた画像分類プログラム
を示す。MNIST は縦横 28 画素のグレースケール画像から成る、0 ～ 9 までの手書き数字を表
す画像データセットである。6 万枚の学習画像と 1 万枚のテスト画像が準備されており、Keras
のライブラリを使用すれば簡単にロードすることができる。画像に描かれている数字を分類す
るサンプルプログラムを示す。

プログラム 4.1

```
# 必要なモジュールのインポート
from tensorflow import keras
from keras.datasets import mnist
from keras.models import Sequential                              ①
from keras.layers import Conv2D, MaxPooling2D
from keras.layers import Dense, Dropout, Flatten
from matplotlib import pyplot as plt

# バッチサイズ、分類クラス数、エポック数の設定
batch_size = 128
num_classes = 10
```

```
epochs = 20

# MINIST データセットの読み込み
(x_train, y_train), (x_test, y_test) = mnist.load_data() ──────────②

# 4 次元テンソル形式に変換
x_train = x_train.reshape(x_train.shape[0], 28, 28, 1)
x_test = x_test.reshape(x_test.shape[0], 28, 28, 1) ──────────③

# データの正規化および実数値化
x_train = x_train.astype('float32')/255
x_test = x_test.astype('float32')/255

# ラベルデータを One-hot ベクトルに変換
y_train = keras.utils.to_categorical(y_train, num_classes) ──────────④
y_test = keras.utils.to_categorical(y_test, num_classes)

# CNN モデルの定義
model = Sequential()
model.add(Conv2D(64, (3, 3), padding = 'same',
          input_shape = (28, 28, 1), activation = 'relu'))
model.add(MaxPooling2D(pool_size = (2, 2)))
model.add(Conv2D(128, (3, 3), activation = 'relu'))
model.add(MaxPooling2D(pool_size = (2, 2)))                        ⑤
model.add(Dropout(0.5))
model.add(Flatten())
model.add(Dense(128, activation = 'relu'))
model.add(Dropout(0.25))
model.add(Dense(num_classes, activation = 'softmax'))

# CNN モデルの可視化
model.summary() ──────────⑥

# CNN モデルのコンパイル
model.compile(loss = 'categorical_crossentropy', ──────────⑦
              optimizer = 'adam', metrics = ['accuracy'])

# CNN モデルの学習
history = model.fit(x_train, y_train, ──────────⑧
          batch_size = batch_size, epochs = epochs,
          verbose = 1, validation_data = (x_test, y_test))

# CNN モデルの予測精度
score = model.evaluate(x_test, y_test, verbose = 0)
print('Test loss:', score[0])
print('Test accuracy:', score[1])
```

```
# 予測誤差のグラフ化
plt.plot(range(len(history.history['loss'])),
         history.history['loss'], marker = 'o',
         color = 'black', label = 'loss')
plt.plot(range(len(history.history['val_loss'])),
         history.history['val_loss'], marker = 'v',
         linestyle = '--', color='black', label='val_loss')
plt.xlabel('epoch')
plt.ylabel('loss')
plt.legend(loc = 'best')
plt.show()

# 予測精度のグラフ化
plt.plot(range(len(history.history['accuracy'])),
         history.history['accuracy'], marker = 'o',
         color = 'black', label = 'acc')
plt.plot(range(len(history.history['val_accuracy'])),
          history.history['val_accuracy'], marker = 'v',
          linestyle = '--', color = 'black', label = 'val_acc')
plt.xlabel('epoch')
plt.ylabel('accuracy')
plt.legend(loc = 'best')
plt.show()
```

⑨

以下、プログラム 4.1 の重要箇所を説明する。

①必要なモジュールのインポート

　冒頭の 6 行はプログラム内で必要なモジュールをインポートしている。2 行目はデータセット MNIST をロードするため、3〜5 行目は CNN の各層（レイヤー）を構築するため、6 行目は予測誤差や予測精度をグラフ化するためのモジュールをインポートしている。

② MINIST データセットの読み込み

　MNIST データセットの学習画像を x_train、評価画像を x_test に読み込み、対応する分類ラベルを y_train には学習ラベル、y_test には評価ラベルを読み込む。画像は（サンプル数, 縦幅, 横幅）からなる 3 次元テンソル、ラベルはサンプル数分の整数値（0〜9）が格納された 1 次元配列である。

③学習、評価画像データを 4 次元形式に変換

　x_train, x_test を（サンプル数, 縦幅, 横幅, チャネル数）からなる 4 次元テンソルに変換する。各画像ともグレースケールなので、チャネル数は 1 になる。

④ラベルデータを One-hot ベクトルに変換

　整数値であるラベル値を One-hot ベクトルに変換する。One-hot ベクトルについては 2.1.1 に詳細が記されている。ラベル値は 0〜9 の整数値なので、One-hot ベクトルは 10 次元ベクトル

になり、y_train および y_test は（サンプル数，One-hot ベクトル長）の2次元テンソルになる。

⑤ CNN モデルの定義

Sequential モデルを使って各レイヤーを登録するリスト（model）を作成した後、add メソッドでリストに各レイヤーを追加している。なお、Dropout はドロップアウト層（dropout layer）を表しており、引数値の割合だけランダムにユニット値を0にする。0になったユニット値は再度学習されるため、過学習の予防として用いられる。

⑥ CNN モデルの可視化

CNN モデルに設定した各レイヤーの概要（サマリ）を出力する。今回のプログラムでは、図4.15 のようなサマリが出力される。各レイヤーのタイプ、各レイヤーから出力される特徴マップや全結合層のサイズ、各パラメータ群の数などが表示される。なお、畳み込み層で設定したフィルタのサイズは表示されない。

⑦ CNN モデルのコンパイル

compile メソッドを用いて、学習で用いる損失関数、最適化関数、評価関数などを設定する。第1引数は損失関数であり、4.1.3 で説明した予測誤差を求めるための関数である。今回のプログラムでは、分類問題を対象としているので、交差エントロピーを設定している。2乗和誤差を用いるならば、'mean_squared_error' と設定する。第2引数は最適化関数であり、'SGD'、'adam'、'adadelta'、'adagrad'、'rmsprop' などを指定することができ、どれも勾配降下法を基にした

Layer (type)	Output Shape	Param #
conv2d_1 (Conv2D)	(None, 28, 28, 64)	640
max_pooling2d_1 (MaxPooling2	(None, 14, 14, 64)	0
conv2d_2 (Conv2D)	(None, 12, 12, 128)	73856
max_pooling2d_2 (MaxPooling2	(None, 6, 6, 128)	0
dropout_1 (Dropout)	(None, 6, 6, 128)	0
flatten_1 (Flatten)	(None, 4608)	0
dense_1 (Dense)	(None, 128)	589952
dropout_2 (Dropout)	(None, 128)	0
dense_2 (Dense)	(None, 10)	1290

Total params: 665,738
Trainable params: 665,738
Non-trainable params: 0

〔図4.15〕CNN モデルのサマリ出力結果

最適化関数である。'SGD' は**確率的勾配降下法**（stochastic gradient descent; SGD）とよばれる基本となる関数であり、その他は SGD の派生系である。最近では 'adam' を指定することが多いが、対象問題によって最適な関数は変化するため、実験により選択するのが望ましい。また、それぞれの関数のパラメータを調整することも可能である。第3引数はモデルの性能を測る評価関数を指定する。評価関数は学習状況を確認するために使われ、学習に直接使われることはない。ただし、評価関数を指定しなければ、図 4.16 のような予測精度をグラフ化することはできない。

⑧ CNN モデルの学習

　fit メソッドを用いて CNN モデルの学習を行う。返り値の history には、学習データと評価データに対するエポックごとの予測誤差と予測精度が記録されている。4.3 で述べるデータ拡張などの前処理を学習データに適用しながら学習する場合には fit_generator メソッドを用いる。fit_generator メソッドの使用方法は 4.4 で説明する。

⑨ 予測誤差のグラフ化

　matplotlib.pyplot モジュールの plot メソッドを用いて、エポックごとの予測誤差をグラフ化する。plot メソッドの第1引数には X 軸、第2引数には Y 軸の値のリストを与える。第3引数以降はオプション指定になる。予測誤差のリストは history に格納されており、'loss' が学習データ、'val_loss' が評価データを表す。history には予測精度も格納されており、同様に 'accuracy' および 'val_accuracy' と指定すれば予測精度もグラフ化できる。オプションでは、マーカーの印（marker）、線の色（color）、線のスタイル（linestyle）、凡例のラベル（label）などが指定できる。plt.legend(loc='best') は凡例の表示位置を指定しており、グラフの形状によって最適な位置に表示される。

　今回のプログラでは図 4.16 に示すようなグラフが出力される。予測誤差は学習データ、評

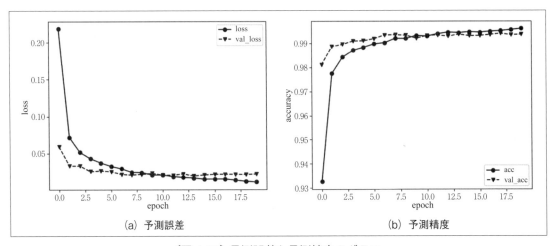

(a) 予測誤差　　　　　　　　　　(b) 予測精度

〔図 4.16〕予測誤差と予測精度のグラフ

価データともに収束し、過学習を起こしていないことがわかる。最終的な予測精度は99.4%
程度まで向上している。

4.3 画像データに対するデータ拡張

CNN に代表される機械学習を用いて画像認識を行う場合、大量の学習画像が必要になる。
学習画像が少ないと過学習を起こし、未知の画像に対する認識性能が低下する。準備できる学
習画像が少ない場合、データ拡張（data augmentation）を適用することで、簡単に学習画像を拡
充することができる。データ拡張では、画像に対して回転、拡大縮小、移動などの画像処理が
施された画像を生成し、学習画像の「水増し」を行う。データ拡張により学習画像を水増しす
ることで、学習画像の多様性を高めることができ、未知の画像に対する汎化性能を改善できる。
ただし、学習画像に潜在する多様性に応じた水増し処理を適用しなければ、学習効果の向上は
期待できないので注意しなければならない。

Keras の preprocessing.image モジュールには、データ拡張をサポートする ImageDataGenerator ク
ラスが準備されている。適用する引数や引数の値を変化させることで、さまざまなデータ拡張
を行うことができる。以下、ImageDataGenerator の使用方法について説明する。まず、
ImageDataGenerator で用いられる主要な引数を表 4.3 に示す。なお、引数を指定しなかった場
合は、括弧内の値がデフォルト値として設定される。各引数への値の設定方法、および生成さ
れる画像について実際に変換した画像を例示して説明する。

回転した画像を生成

引数 rotation_range に整数値で回転する範囲を指定する。たとえば、rotation_range = 100 と指
定すると、−100°から100°の範囲でランダムに回転した画像を生成する。図 4.17 に生成された
画像例を示す。なお、回転角度はランダムに選択されるため、類似した画像も生成される点に
注意する必要がある。

〔表 4.3〕ImageDataGenerator の主要な引数一覧

引数名	内容
rotation_range	回転した画像を生成 (0.0)
width_shift_range	水平方向にシフトした画像を生成 (0.0)
height_shift_range	垂直方向にシフトした画像を生成 (0.0)
horizontal_flip	左右反転した画像を生成 (False)
vertical_flip	上下反転した画像を生成 (False)
shear_range	シアー変換した画像を生成 (0.0)
zoom_range	拡大縮小した画像を生成 (0.0)
fill_mode	画素値への埋め方の指定 (nearest)
rescale	各画素値をリスケール (None)
featurewise_center	データセット全体で入力データの平均値を0にする (False)
featurewise_std_normalization	データセット全体で入力データの分散値を1にする (False)

水平方向にシフトした画像を生成

　引数 width_shift_range に水平方向にシフトする範囲を指定する。ただし、指定する値が整数値か実数値かで意味が異なる。たとえば、width_shift_range = 128 と指定すると、−128 画素から 128 画素の範囲でランダムに選択した画素数分だけ水平シフトした画像を生成する。一方、実数値の場合、画像の横幅に対する比率分だけシフトする。たとえば、width_shift_range = 0.5 と指定すると、元画像の横幅が 256 画素の場合、−128 画素から 128 画素の範囲でランダムに選択した画素数分だけ水平シフトした画像を生成する。図 4.18 に width_shift_range = 0.5 と指定したときの画像例を示す。

垂直方向にシフトした画像を生成

　引数 height_shift_range に垂直方向にシフトする範囲を指定する。水平方向シフトと同様、指定する値は整数値もしくは実数値で異なり、整数値がシフトする画素数、実数値が元画像に対する比率を表す。たとえば、height_shift_range = 0.5 と指定すると、元画像の縦幅に対して 50% の比率でランダムに垂直シフトした画像を生成する。図 4.19 に生成された画像例を示す。

左右反転した画像を生成

　引数 horizontal_flip に真理値（True または False）を与え、左右反転するか否かを指定する。

〔図 4.17〕rotation_range = 100 により生成された画像例

〔図 4.18〕width_shift_range = 0.5 により生成された画像例

horizontal_flip = True とすると、ランダムに左右反転した画像を生成する。図 4.20 に生成された画像例を示す。

上下反転した画像を生成

引数 vertical_flip に真理値（True または False）を与え、上下反転するか否かを指定する。vertical_flip = True と指定すると、ランダムに上下反転した画像を生成する。図 4.21 に生成された画像例を示す。

シアー変換した画像を生成

シアー変換（shear mapping）とは、入力画像を特定の方向にせん断する画像処理技術である。引数 shear_range には、せん断強度を指定する。指定された強度の範囲でランダムにシアー変換した画像を生成する。強度が強すぎると、現画像の原型を留めないような画像も生成されてしまうので注意する必要がある。shear_range = 50 と指定したときの画像例を図 4.22 に示す。

〔図 4.19〕height_shift_range = 0.5 により生成された画像例

〔図 4.20〕horizontal_flip = True により生成された画像例

〔図 4.21〕vertical_flip = True により生成された画像例

拡大縮小した画像を生成

　引数 zoom_range に拡大縮小する範囲を指定する。指定する値は、拡大縮小の範囲を [lower, upper] というフォーマットで指定する方法と実数値で指定する方法がある。実数値（zoom_range）を指定した場合、[1 − zoom_range, 1 + zoom_range] の範囲でランダムに拡大縮小した画像を生成する。たとえば、zoom_range = 0.5 とした場合、[1−0.5, 1 + 0.5] つまり [0.5, 1.5] の範囲でランダムに拡大縮小した画像を生成する。図 4.23 に生成された画像例を示す。拡大縮小する際の縦横の比率については、指定範囲内で 2 つの値がランダムに選択され、それぞれが縦横方向の比率になる。そのため、元画像と比べてアスペクト比（縦横比率）が異なる画像が生成されることに注意する必要がある。

　なお、引数指定値が 1 より大きい場合は縮小され、0 から 1 の場合は拡大される。負の値が指定されると画像は反転する。図 4.24 から図 4.27 にそれぞれの範囲で拡大縮小した画像例を示す。

複数の処理を施した画像を生成

　複数の引数を指定すると、引数に対応した複数の処理が同時に施された画像を生成する。たとえば、引数 rotation_range と zoom_range を指定することで、回転処理と拡大縮小処理を同時に施した画像を生成することができる。以下のように、rotation_range と zoom_range を指定し

〔図 4.22〕shear_range = 50 により生成された画像例

〔図 4.23〕zoom_range = 0.5 により生成された画像例

て生成された画像例を図4.28に示す。なお、各引数はコンマで区切って指定する。

```
ImageDataGenerator(rotation_range=100, zoom_range=[0.5,1])
```

回転、シフトした画像への外挿方法の指定

　回転処理、シフト処理、縮小処理を施した画像の境界付近には、元画像には存在しない領域

〔図4.24〕zoom_range = [1,2] により生成された画像例

〔図4.25〕zoom_range = [0,1] により生成された画像例

〔図4.26〕zoom_range = [-2,-1] により生成された画像例

が生成される。図4.29は画像を回転縮小した例であるが、右側の拡張画像の斜線部分が元画像には存在しない領域を表す。このような画素値の存在しない空き領域に埋め込む画素値（外挿方法）を引数 fill_mode で指定することができる。表4.4に指定可能な文字列とその内容につ

〔図4.27〕zoom_range = [-1,-0] により生成された画像例

〔図4.28〕回転処理と拡大縮小処理により生成された画像例

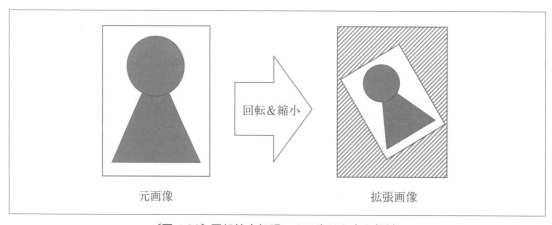

元画像　　　　　　　　　　　　　　　　　拡張画像

〔図4.29〕回転縮小処理により生じた空き領域

いて示す。

　引数 fill_mode のデフォルト値は nearest であり、これまでに例示してきた生成画像に対しては、境界付近の画素値が埋め込まれている。constant を指定した場合、特定の濃淡画素値が埋め込まれるが、その画素値は引数 cval に 0 から 255 の範囲で指定することができる。引数 cval のデフォルト値は 0 であり、特に指定しなければ、黒画素が埋め込まれ、255 に近くなるにつれて白画素になる。なお、引数には文字列を与えるので、以下のように文字列をシングルクォーテーションで囲む必要がある。図 4.30 に各文字列で生成した画像例を示す。

```
ImageDataGenerator(rotation_range=100, fill_mode=' constant' )
```

正規化、標準化のための引数

　ImageDataGenerator には、回転や拡大縮小などの画像処理を施す引数だけでなく、データを正規化や標準化するための引数も準備されている。正規化を行うためには引数 rescale を用いる。引数 rescale は各画素値をリスケール（定数倍）する機能がある。[0, 255] で表現された画素値を [0, 1] に正規化する場合には、下記のように引数を設定する。

```
ImageDataGenerator(rescale = 1.0 / 255)
```

〔表 4.4〕引数 fill_mode に指定可能な文字列一覧

文字列	内容
nearest	境界付近の最も近い画素値で埋める 例：aaaaaaaa|abcd|dddddddd
constant	一定の画素値（引数 cval で指定）で埋める 例：kkkkkk|abcd|kkkkkk（cval = k）
reflect	境界付近で折り返した値で埋める 例：abcddcba|abcd|dcbaabcd
wrap	境界付近で繰り返す値で埋める 例：abcdabcd|abcd|abcdabcd

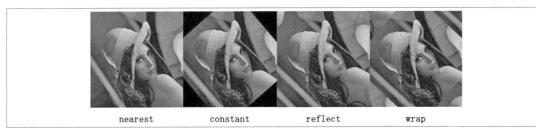

〔図 4.30〕fill_mode を変化させて生成された画像例

　標準化を行うための引数としては、引数 featurewise_center と引数 featurewise_std_ normalization が準備されている。これらの引数に真理値（True または False）を与え、標準化を行うか否かを指定する。まず、引数 featurewise_center = True と指定すると、データセット全体で入力データの平均値を 0 にする。この処理はデータセット全体の平均値を計算した後、各値から平均値を減算することで実現している。そのため、事前にデータセット全体の統計量（平均値）を計算するために、ImageDataGenerator クラスの fit メソッドを下記のように併記する必要がある。fit メソッドの引数 x はデータセットを表しており、（サンプル数, 縦幅, 横幅, チャネル数）から成る 4 次元テンソルの変数である。なお、濃淡画像の場合にはチャネル数を 1 に、カラー画像の場合にはチャネル数を 3 に設定する。

```
datagen = ImageDataGenerator(featurewise_center = True)
datagen.fit(x)
```

　次に、引数 featurewise_std_normalization = True と指定すると、データセット全体で平均値と分散値を計算した後、データの標準化を行う。したがって、前述した fit メソッドを併記する必要がある。さらに、引数 featurewise_std_normalization = True に設定する場合には、引数 featurewise_center = True も同時に指定しなければならない。標準化を行う場合の設定方法を下記に示す。

```
datagen = ImageDataGenerator(
                featurewise_center = True,
                featurewise_std_normalization = True
                )
datagen.fit(x)
```

　最後に、正規化・標準化の引数を設定する際の注意点を説明する。学習データに対して正規化・標準化の引数を設定した場合、評価（テスト）データに対しても、学習データと同じような正規化・標準化の引数を設定しなければ正しい精度を得ることはできない。たとえば、下記のプログラムのように、学習データに対して拡大縮小（zoom_range）や反転処理（horizontal_flip）などに加えて、正規化に関する引数（rescale）も設定してデータ拡張を実行する場合には、評価データに対しても学習データと同じ内容で設定した正規化に関する引数を適用する必要がある。

```
# 学習データのデータ拡張ジェネレータ
train_datagen = ImageDataGenerator(
                    rescale = 1.0 / 255
                    zoom_range = 0.5,
                    horizontal_flip = True
                    )
# 評価データのデータ拡張ジェネレータ
test_datagen = ImageDataGenerator(rescale = 1.0 / 255)
```

データ拡張のサンプルプログラム

　最後に、ImageDataGenerator を使用してデータ拡張した画像を出力するサンプルプログラムを示す。プログラム 4.2 は、1 枚の画像（ファイル名は 'rena.jpg'）を入力し、その画像を元にしてデータ拡張した 10 枚の画像を特定のディレクトリ（ディレクトリ名は 'gene_image'）に保存する。ImageDataGenerator の引数を変化させることで、どのような画像が生成されるか可視化することができる。これまでに例としてあげてきた画像例（図 4.17 〜図 4.28、図 4.30）は、このプログラムを用いて出力したものである。

プログラム 4.2

```
import os                                                              ─┐
import numpy as np                                                      │
from keras.preprocessing.image import load_img                          ├── ①
from keras.preprocessing.image import img_to_array                      │
from keras.preprocessing.image import ImageDataGenerator              ─┘

# 出力ディレクトリを作成
save_path = 'gene_image'
if os.path.isdir(save_path) == False:
    os.mkdir(save_path)

# 画像ファイル（PIL 形式）の読み込み
img = load_img('rena.jpg')

# PIL 形式を NumPy の ndarray 形式に変換                              ─┐
x = img_to_array(img)                                                   ├── ②
# 4 次元テンソル形式に変換                                               │
x = np.expand_dims(x, 0)                                              ─┘
# データ拡張クラスの定義とインスタンスの作成
datagen = ImageDataGenerator(rotation_range = 100) ──────────────────── ③
```

```
# 拡張・正規化したデータのジェネレータを生成
gen = datagen.flow( x,
                    batch_size = 1,
                    save_to_dir = save_path,
                    save_prefix = 'image',
                    save_format = 'jpg'
                    )                                    ④

# 拡張された画像を 10 枚生成
for i in range(10):
    next(gen)
```

　以下、プログラム 4.2 の重要箇所を説明する。

①必要なモジュールのインポート

　プログラム内で使用するモジュールをインポートしている。keras.preprocessing.image モジュールからは画像ファイルの読み込み（load_img）、画像ファイル形式変換（img_to_array）に必要なメソッド、データ拡張に必要なクラス（ImageDataGenerator）をインポートしている。

②入力データの形式変換

　入力画像ファイルを読み込んだ後、PIL 形式のデータを img_to_array により ndarray 形式に変換する。この処理による返り値は（縦幅, 横幅, チャネル数）から成る 3 次元テンソルとなる。その後、expand_dims により次元拡張し（サンプル数, 縦幅, 横幅, チャネル数）から成る 4 次元テンソルに変換する。このように形式変換する理由は④の flow の仕様に合わすためである。

③データ拡張クラスの設定とインスタンスの生成

　データ拡張の設定を行う部分である。ImageDataGenerator クラスの引数を適切な値に設定し、画像データの拡張や正規化・標準化を行う。左辺の datagen は ImageDataGenerator クラスのインスタンスである。

④拡張・正規化したデータのジェネレータを生成

　flow を用いて datagen に応じたジェネレータ（gen）を生成する。このジェネレータを呼び出すごとに 1 枚のデータ拡張された画像が生成される。データ拡張した画像を保存して確認したい場合には、保存先などを引数に指定する必要がある。今回のプログラムで用いている引数の内容を表 4.5 に示す。なお、括弧内の値はデフォルト値を示す。入力データセット x は、fit と同様（サンプル数, 縦幅, 横幅, チャネル数）から成る 4 次元テンソルである。入力データセットに画像データが保存されている場合には上記 flow を用いるが、特定のディレクトリに画像データが保存されている場合には flow_from_directory を用いる。また、保存先などを引数指定しなければ、データ拡張処理はリアルタイムで行われ、画像データを保存しないので、ディスク容量を圧迫しない。データ拡張用のジェネレータを用いた学習は fit_generator で実現でき

引数名	内容
x	入力データセット
batch_size	入力データセットのサンプル数 (32)
save_to_dir	拡張された画像を保存するディレクトリ名 (None)
save_prefix	保存画像のファイル名に付ける接頭辞
save_format	保存画像フォーマットで 'png' か 'jpeg' を指定 (png)

る。これらメソッドの詳細は、次節ファインチューニングのプログラム 4.3 を参照されたい。

4.4 ファインチューニング

　ファインチューニング（fine-tuning）とは、学習済みの CNN モデルを再学習する方法であり、対象とする分野に適した CNN モデルを簡単に構築できる。本節では、データ拡張とファインチューニングを用いた CNN モデル作成の流れを説明した後、学習済みの CNN モデルとして VGG16 を取り上げ、その構成を示すとともにファインチューニングの内容（何をどのように学習するのか）を述べる。最後に、実際の画像データセットを用いたファインチューニングのサンプルプログラムを示す。

4.4.1 ファインチューニング CNN

　通常、分類問題に対する CNN モデルを作成する場合には、クラスごとに数千件程度の大量の学習画像データを準備する必要がある。また、学習処理を実働するためには、GPU が備わった高機能の計算機が必要になり、学習時間も数日から数週間に及ぶことがある。これに対して、データ拡張とファインチューニングを利用すれば、手軽に CNN モデルを構築できる。図 4.31 に適用分野に応じた CNN モデル作成の流れを示す。

　まず、学習データをクラスごとに数十件程度準備する。準備した学習データにデータ拡張を行い、学習データを数百件程度に拡充する。拡充された学習データを入力としてファインチューニングを実行することで、元の学習データに応じた CNN モデルを作成する。この処理により、手持ちの学習データが少なく、高スペックな計算機がなくても適用分野に応じた CNN が作成

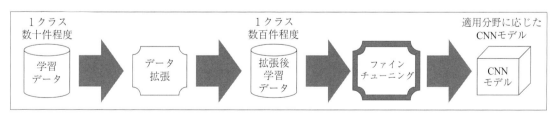

〔図 4.31〕適用分野に応じた CNN モデル作成の流れ

できる。なお、データ拡張処理は CNN モデルをファインチューニングする際にリアルタイム
に生成することも可能である。

4.4.2　VGG16 の構成

　ファインチューニングを行うためには、学習済みの CNN モデルを準備する必要がある。現在、
さまざまな学習済みの CNN モデルが公開されているが、構造が簡単で、ファインチューニン
グに頻繁に利用されている VGG16 を取り上げる。VGG16 は図 4.32 に示すように、畳み込み
16 層、プーリング 5 層、全結合 3 層（最終層は出力層）の 6 ブロックから構成される CNN で
ある。ImageNet とよばれる 100 万件以上の大規模な画像データセットを用いて学習したモデ
ルであり、1000 クラスのオブジェクトに分類することができる。

　4.2.1 でも説明したが、CNN の浅い層では画像の局所的な特徴を検出し、深い層になるほど
大局的な特徴を検出する。線分や色相のような局所的な特徴は、どのようなオブジェクトにも
共通する特徴であるため、学習済みの CNN モデルをそのまま適用できる。一方、シルエット
などの大局的な特徴はオブジェクトごとに異なるため、対象とするオブジェクトの種別が異な
れば新たに学習する必要がある。VGG16 を用いたファインチューニングでは、図 4.32 に示す
ように block1 から block4 までのパラメータは再学習せずに凍結し、block5 および block6 のパ
ラメータだけを再学習する。なお、block1 から block5 までのパラメータを凍結し、全結合層
（block6）のパラメータだけを再学習する方法もあるが、block5 も含めて再学習したほうが予測
精度はよいといわれている。

4.4.3　サンプルプログラム

　ファインチューニングを実装するプログラム例を示す。準備として、下記のコマンドを入力
することで、Kaggle から Caltech256 画像データセットをダウンロードする。

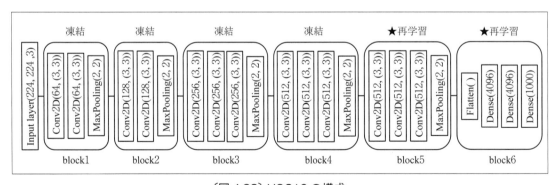

〔図 4.32〕VGG16 の構成

```
!kaggle datasets download -d jessicali9530/caltech256/
!unzip caltech256.zip
```

Caltech256 は 256 種類のカテゴリからなる画像データセットであり、カテゴリごとにディレクトリに分けられている。今回は "105.horse" と "250.zebra" のディレクトリ内の画像を用いて、馬とシマウマを識別する CNN モデルをファインチューニングにより作成する。

次に、学習データと評価データのディレクトリを下記のコマンドを入力することで作成し、それぞれのディレクトリに Caltech256 の画像を格納する。このように分類クラス名とディレクトリ名を同一にし、各クラスの画像をまとめて該当するディレクトリ内に格納しておけば、プログラム 4.1 の MNIST のように正解の分類ラベルデータを準備する必要はない。なお、今回の実装では、105_0251.jpg 〜 105_0270.jpg までの 20 枚の画像を馬の評価画像、250_0077.jpg 〜 250_0096.jpg までの 20 枚の画像をシマウマの評価画像とし，それぞれ残りを学習画像とした。

```
!mkdir data/train/horse/    # 馬の学習画像のディレクトリ
!mkdir data/train/zebra/    # シマウマの学習画像のディレクトリ
!mkdir data/test/horse/     # 馬の評価画像のディレクトリ
!mkdir data/test/zebra/     # シマウマの評価画像のディレクトリ
```

ファインチューニングのプログラムを以下に示す。このプログラムをディレクトリ data と同じ場所に置いて実行すると、ファインチューニング後の CNN モデル "finetuning.h5" が同じ場所に作成される。

プログラム 4.3

```
from keras.applications.vgg16 import VGG16
from keras.preprocessing.image import ImageDataGenerator
from keras.models import Sequential
from keras.layers import Dense, Dropout, Flatten
from keras.preprocessing.image import ImageDataGenerator
from keras import optimizers
from keras.callbacks import ModelCheckpoint
from matplotlib import pyplot as plt

# 画像サイズとディレクトリの設定
img_width, img_height = 150, 150
train_data_dir = 'data/train'
test_data_dir = 'data/test'

# エポック数の設定
epoch = 20
```

```
# 分類クラス名の設定
classes = ['horse','zebra']
nb_classes = len(classes)

# VGG16 モデルのロード
vgg_model = VGG16(                                          ┐
        include_top = False,                                │
        weights = 'imagenet',                               ├── ①
        input_shape = (img_height, img_width, 3))           ┘

# VGG16 モデルの下に全結合層を追加
model = Sequential()
model.add(vgg_model)
model.add(Flatten())
model.add(Dense(256, activation = 'relu'))
model.add(Dropout(0.5))
model.add(Dense(nb_classes, activation = 'softmax'))

# VGG16 モデルの上位 15 層のパラメータを凍結
for layer in vgg_model.layers[:15]:
    layer.trainable = False

model.summary() ─────────────────────────────────────────── ②

# 最適化関数のパラメータ設定
sgd = optimizers.SGD(lr = 0.001, momentum = 0.1, decay = 0.0)

# 損失関数は交差エントロピー、最適化関数は確率的勾配法
model.compile(
        loss = 'categorical_crossentropy',
        optimizer = sgd,
        metrics = ['accuracy'])

# 学習データのデータ拡張を設定
train_datagen = ImageDataGenerator(
        rescale = 1.0 / 255,
        shear_range = 0.2,
        zoom_range = 0.2,
        horizontal_flip = True)

# 評価データのデータ拡張を設定
test_datagen = ImageDataGenerator(rescale = 1.0 / 255)
```

```
# 学習データのジェネレータを生成
train_generator = train_datagen.flow_from_directory(
        train_data_dir,
        target_size = (img_height, img_width),
        classes = classes,
        batch_size = 32,
        class_mode = 'categorical')                          ③

# 評価データのジェネレータを生成
test_generator = test_datagen.flow_from_directory(
        test_data_dir,
        target_size = (img_height, img_width),
        classes = classes,
        batch_size = 32,
        class_mode = 'categorical')

# コールバック関数（モデルの保存）の設定
mc_cb = ModelCheckpoint(
        filepath = 'finetuning.h5',
        monitor = 'val_loss',
        verbose = 1,                                          ④
        save_best_only = True)

# ジェネレータを用いたモデルの学習
history = model.fit_generator(
        train_generator,
        epochs = epoch,
        validation_data = test_generator,                     ⑤
        callbacks = [mc_cb])
```

以下、プログラム 4.3 の重要箇所を説明する。

① VGG16 モデルのロード

学習済みの VGG16 モデルを読み込む。weights = 'imagenet' とすると、ImageNet で学習したモデルを読み込む。include_top = False とすると、出力層側の 3 つの全結合層を省いたモデルを読み込む。入力画像のサイズを変更する場合は、input_shape で指定する。ただし、include_top が False の場合のみ指定可能であり、それ以外ではデフォルト（224,224,3）の形式になる。

② ファインチューニング用 CNN モデルのサマリ出力

CNN モデルのサマリ出力結果を図 4.33 に示す。既存の VGG16 モデルの下部に新しく全結合層が追加されていることがわかる。また、凍結されたパラメータ数（Non-trainable params）も確認できる。

③ 学習データのジェネレータを生成

flow_from_directory メソッドにより、ディレクトリ内に格納された画像を対象にしてデータ

Layer (type)	Output Shape	Param #
vgg16 (Model)	(None, 4, 4, 512)	14714688
flatten_1 (Flatten)	(None, 8192)	0
dense_1 (Dense)	(None, 256)	2097408
dropout_1 (Dropout)	(None, 256)	0
dense_2 (Dense)	(None, 2)	514

Total params: 16,812,610
Trainable params: 9,177,346
Non-trainable params: 7,635,264

〔図 4.33〕ファインチューニング用 CNN モデルのサマリ出力結果

拡張および正規化するジェネレータを生成する。引数 classes に分類クラスを表すディレクトリのリスト（['horse', 'zebra']）を与える。ジェネレータを 1 回実行すると、バッチサイズ（batch_size）分のデータ拡張された画像と対応したラベルからなる NumPy 配列を生成する。

④コールバック関数（モデルの保存）の設定

　コールバック（callback）は学習中で適用される関数であり、ModelCheckpoint 関数はモデルの保存方法を設定する。第 1 引数は保存するモデルのファイル名、引数 monitor で指定された値（評価データの予測誤差）が最小になった時点でモデルが保存される。なお、デフォルトの設定では、パラメータだけでなく、モデルの構造も含めた全体が保存される。

⑤ジェネレータを用いたモデルの学習

　fit_generator メソッドにより、ジェネレータから生成されたデータでモデルを学習する。第 1 引数に学習データのジェネレータ、引数 validation_data に評価データのジェネレータ、引数 callbacks にはコールバック関数の返り値のリストを与える。

　プログラム 4.3 では省いているが、プログラム 4.1 のように予測誤差や予測精度をグラフ化することもできる。今回の実装での学習状況をグラフ化したものを図 4.34 に示す。予測誤差は学習データ，評価データともに収束しており、評価データの予測精度も 100% に達している。なお、コールバック関数を用いているため、最も予測誤差の少ないモデルが保存されている。

　次に、ファインチューニングで生成された CNN モデルを用いて画像の分類クラスを予測するプログラムを示す。引数に入力画像のファイル名を与えてプログラムを実行すると、分類結果が出力される。

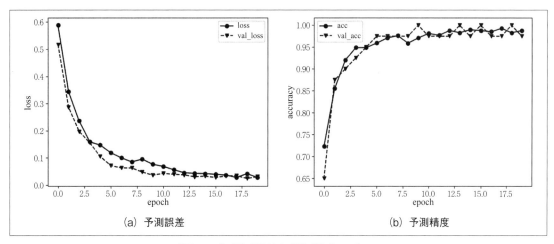

〔図4.34〕予測誤差と予測精度のグラフ

プログラム 4.4

```
import sys
import numpy as np
from keras.preprocessing import image
from keras.models import load_model

filename = sys.argv[1]
print('input:', filename)

# 画像サイズの設定
img_height, img_width = 150, 150

# 分類クラス名の設定、学習時と同じ順番にする
classes = ['horse','zebra']
nb_classes = len(classes)
# 入力画像のロード、4次元テンソルへ変換
img = image.load_img(
        filename,
        target_size = (img_height, img_width))
x = image.img_to_array(img)
x = np.expand_dims(x, axis = 0)

# 入力データの正規化
x = x / 255.0 ─────────────────────────────────────────── ①

# ファインチューニングした CNN モデルのロード
model = load_model('finetuning.h5') ──────────────────── ②
```

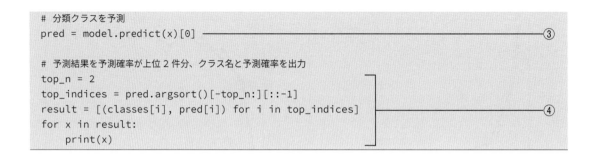

```
#  分類クラスを予測
pred = model.predict(x)[0] ─────────────────────────────── ③

#  予測結果を予測確率が上位 2 件分、クラス名と予測確率を出力
top_n = 2
top_indices = pred.argsort()[-top_n:][::-1]
result = [(classes[i], pred[i]) for i in top_indices] ──── ④
for x in result:
    print(x)
```

以下、プログラム 4.4 の重要箇所を説明する。

①入力データの正規化

学習時に学習データを正規化したので、予測時にも入力データを正規化する必要がある。もし、学習時に標準化しているのであれば、ここでは標準化を適用する必要がある。

②ファインチューニングした CNN モデルのロード

学習時に保存した CNN モデルをロードする。保存時には構造も保存しているので、ロードする際に各層を作成する必要はない。

③分類クラスを予測

入力データに対する予測結果を生成する。入力データは 4 次元テンソルなので複数枚の画像データを与えることができ、返り値も複数の予測結果をからなる NumPy 配列になる。今回の入力データは 1 枚なので、0 番目の配列だけを返している。

④分類クラスと予測確率を出力

予測確率（pred）は学習時の classes に設定したクラス名の順番になっている。予測確率値が高い順番に配列インデックスを求め、インデックスの順番でクラス名と対応する予測確率値を出力する。

最後に、プログラム 4.4 の実行結果を図 4.35 に示す。同じような色合いの背景であるが、オブジェクトの特徴を捉えて正しく分類できている。なお、ファインチューニングで新たに学習する層の初期値は乱数が設定されるため、毎回、同じ CNN モデルが生成されるとは限らない。プログラム 4.4 を稼働した場合、図 4.35 内の予測値とは同じにならない点に注意されたい。

入力画像

分類結果

python prog6-04.py data/test/zebra/250_0082.jpg
input: data/test/zebra/250_0082.jpg
('zebra', 0.999997)
('horse', 2.9938642e-06)

入力画像

分類結果

python prog6-04.py data/test/horse/105_0255.jpg
input: data/test/horse/105_0255.jpg
('horse', 0.99125296)
('zebra', 0.008747029)

〔図 4.35〕実行結果

5章

音声・音楽データの前処理

本章では、音声認識や音楽検索など、音声と音楽を対象とした音響信号処理システムを構築する際に必要となる前処理について説明する。音声や音楽の音響信号を解析するためには、周波数解析などの信号処理が必要となる。librosaは音声と音楽を解析するためのPythonパッケージであり、音響信号の入出力やフィルタリングなどの基本的な信号処理のみならず、クロマベクトルやメル周波数ケプストラム係数などの特徴量抽出を行うメソッド、信号の可視化のためのメソッドなどを利用できる。本章では、librosaを用いた効率的な前処理の実装方法を紹介する。

5.1 リサンプリング

　音は、媒質（空気や水）の周期的かつ連続的な圧力変化が波として伝播する現象であり、音響信号は各時間における音圧を記録したものである。コンピュータは連続的なアナログ信号を直接扱うことはできないので、一定の間隔で区切ることで離散的なデジタル信号に変換して取り扱う必要がある。アナログ信号の時間方向への離散化を**標本化**（sampling）といい、1秒間に区切る回数を**サンプリング周波数**（sampling rate）とよぶ。また、音圧方向への離散化を**量子化**（quantization）といい、区切りの数を**量子化ビット数**（quantization bit rate）とよぶ。たとえば、一般的な音楽CDはサンプリング周波数44,100Hz（1秒間を44,100個に分割）、量子化ビット数16bit（$2^{16} = 65,536$段階に分割）で録音されている。サンプリング周波数と量子化ビット数が大きいほど、アナログ信号の再現性が高くなる反面、データ数も多くなる。デジタル信号のサンプリング周波数を変更する処理が**リサンプリング**（resampling）である。機械学習の学習データとして音声・音楽データを用いる際、すべての学習データを同じサンプリング周波数にリサンプリングしておく。また、計算コストを下げるためにサンプリング周波数を小さくする処理を、あらかじめ前処理として実施しておくことが一般的である。

　プログラム5.1にリサンプリングを行う例を示す。①ではlibrosa.loadメソッドを用いて、librosaのサンプル曲trumpetを読み込んでいる。librosaには、動作確認用のサンプルが数曲収録されている。trumpetはトランペットの独奏が収録されたサンプル曲である。引数srはサンプリング周波数であり、22,050Hzを設定している。引数durationは読み込み時間であり、最初から5秒間をトリミングして読み込んでいる。②では、librosa.resampleメソッドを用いて22,050Hzから16,000Hzへリサンプリングしている。③では、リサンプリングによりデータ数が削減されたことを確認している。trumpetの再生時間は5秒間なので、サンプリング周波数22,050Hzならばデータ数は110,250個へ、16,000Hzならば80,000個に削減されていることがわかる。

プログラム5.1

```
!pip install --upgrade librosa
import librosa

# 音声信号の読み込み
y, sr = librosa.load(librosa.example('trumpet'), sr=22050, duration=5.0) ————①

# リサンプリング
y_16k = librosa.resample(y, sr, 16000) ————②

# データ数の確認
print(y.shape)        # (110250,)
print(y_16k.shape)    # (80000,)  ————③
```

5.2 音量の正規化

　音声や音楽の録音環境はさまざまであり、同一人物の音声であっても、マイク特性や録音機器の設定、録音スペースの構成によって、異なる音量や響きで録音される。音量の**正規化**（normalization）とは、音響信号の音量を分析し、特定の音量に調整する処理である。機械学習において、録音環境に起因する音量の差異は学習に悪影響を及ぼすことがあるため、あらかじめ前処理として学習データの音量を正規化しておくことが一般的である。音量の正規化には、単一ファイルの音量を調整する方式、複数ファイルの音量を平均化する方式がある。本節では、単一ファイルの最大音量が音量の上限となるように、ファイル全体の音量を調節する方式（**ピークレベル方式**）について解説する。

　プログラム 5.2 に音量の正規化を行う例を示す。①では librosa.load メソッドを用いてサンプル曲 trumpet を読み込んでいる。変数 y には音圧に対応する実数値が−1.0 から 1.0 の範囲で量子化ビット数 16bit（65,536 段階）に離散化されて格納されている。②では、音圧の絶対値の最大値が 1.0 となるようにすべての音圧値を正規化している。③より、正規化後の音量のピーク値が 1.0 に変更されていることが確認できる。

プログラム 5.2

```
!pip install --upgrade librosa
import librosa

# 音声信号の読み込み
y, _ = librosa.load(librosa.example('trumpet'), sr=22050) ──────── ①

# 音量の正規化
y_norm = y / abs(y).max() ──────────────────── ②

# ピーク音量の確認
print(abs(y).max())        # 0.6847599 ┐
                                        ├──── ③
print(abs(y_norm).max())   # 1.0       ┘
```

5.3 チャネルのモノラル化

　音声や音楽の音響信号は、モノラル（1 チャネル）やステレオ（2 チャネル）、サラウンド（4 チャネル）など、用途に応じてさまざまなチャネル数で録音されている。機械学習において音声や音楽を取り扱う際、基本的に多チャネルである必要はなく、前処理としてモノラルに変換しておくことでデータ量を削減することができる。ただし、録音チャネルを基にした話者認識や歌声分離を行う場合には、モノラル化すべきではない。

　プログラム 5.3 にステレオ信号をモノラル化する例を示す。①では、librosa.load メソッドを用いてサンプル曲 brahms を読み込んでいる。librosa.load メソッドは多チャネル信号をモノラ

ル化するようデフォルト引数で指定されているため、mono=False としてモノラル化せずに読み込んでいる。②では、numpy.mean メソッドを用いてチャネルをモノラル化している。引数 axis に 0 を指定し、チャネル方向に音量を平均化している。③では、ステレオ信号とモノラル化後の信号のシェイプを確認している。ステレオ信号は 2 行 ×1,010,880 列のタプルであるが、モノラル化後の信号は 1 行× 1,010,880 列のタプルに変換できていることが確認できる。

プログラム 5.3

```
!pip install --upgrade librosa
import librosa
import numpy as np

# ステレオ信号の読み込み
y, _ = librosa.load(librosa.example('brahms', hq=True), mono=False) ───────①

# チャネルのモノラル化
y_mono = np.mean(y, axis=0) ───────②

# チャネル数の確認
print(y.shape)         # (2,1010880)
print(y_mono.shape)    # (1010880,)   ───────③
```

5.4 スペクトルサブトラクション

わたしたちは音を聴き取る際に、無意識に目的の音のみに意識を集中させ、雑音を無視する能力がある。たとえば、エンジン音が鳴り響く走行中の自動車内でも違和感なく会話ができ、多数の楽器で演奏された音楽から歌声だけを集中して聴き取ることができる。このような音の選択的聴取能力を**カクテルパーティ効果**（cocktail-party effect）という。以下で述べる雑音除去手法は、カクテルパーティ効果をソフトウエア的に獲得するものである。自動車のエンジン音やコンピュータのファン音など、音声以外の雑音信号を除去できれば、音声認識などの精度を高めることができる。また、音楽から打楽器音のみを除去することができれば、音楽検索や自動採譜など、メロディや和音を解析する音楽アプリケーションの能力を向上させることができる。本節では音声に対する雑音除去法として**スペクトルサブトラクション**（spectral subtraction）について解説し、次節では音楽に対する雑音除去法として**調波打楽器音分離**（harmonic/percussive sound separation）について解説する。

スペクトルサブトラクションは、観測信号（音声に雑音が重なっている音響信号）の周波数スペクトルから、あらかじめ推定しておいた雑音信号の周波数スペクトルを減算することによって雑音を除去し、目的の音声信号を得るアルゴリズムである。図5.1に、スペクトルサブトラクションの処理の流れを示す。

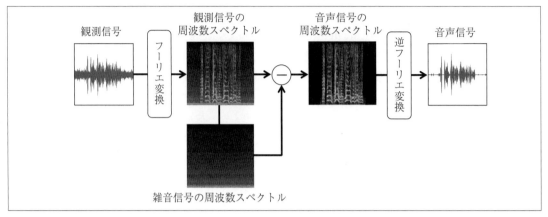

〔図5.1〕スペクトルサブトラクションの処理の流れ

　スペクトルサブトラクションによって、音声の背景で鳴る定常的な雑音を抑圧できる。なお、定常的とは、時間が経過しても音量や音色が著しく変化しない状態をいう。たとえば、パソコンのファン音、自動車のエンジン音、雨音などは定常的であり、スペクトルサブトラクションの雑音除去効果が期待できる。一方、パソコンのキーボード打鍵音、自動車のウインカー音、落雷の音など時間の経過につれ音量や音色が大きく変化する非定常的な雑音については雑音抑圧効果を期待できず、むしろ深刻な音質の劣化を引き起こす場合があるため注意を要する。

5.4.1　実験用のデータセット

　スペクトルサブトラクションの対象となるデータは、雑音を含む音声（観測信号）である。雑音を含む音声を収録したデータセットはいくつか存在するが、音声と雑音の音量バランスは、データセットの作成者によってあらかじめ決められているため、任意のバランスに調節することはできない。また、音声の種類（話者の性別、言語など）と雑音の種類（エアコン音、エンジン音など）の組み合わせについても、自由に組み合わせることはできない。このため5.4.2項では、音声のみのデータセットと雑音のみのデータセットを合成して観測信号を作成する。

　音声データには、JSUT コーパス（Japanese speech corpus of Saruwatari-lab., University of Tokyo）を用いた。 JSUT コーパスは、無響室で収録された雑音を含まない日本語テキストの読み上げ音声が 7,696 文（約 10 時間）収録されている。雑音データには UrbanSound データセットを用いた。UrbanSound データセットは、音響イベント分析のために開発されたデータセットであり、屋内外で発生する環境音が 10 クラス、1,302 ファイル収録されている。

　以降のプログラム例では、JSUT コーパスから日本語読み上げファイル（repeat500/wav/ REPEAT500_set1_001.wav）を音声信号として用い、UrbanSound データセットからエアコンの動作音ファイル（air_conditioner/60846.wav）を雑音信号として用いる。説明を簡単にするため、

音声ファイルを voice.wav に、雑音ファイルを noise.wav にリネームして説明する。

5.4.2 観測信号の生成

　本項では、スペクトルサブトラクションによる雑音除去の対象となる観測信号を生成する手順を解説する。プログラム 5.4〜5.10 は観測信号の生成処理を実装した一連のファイルである。

　雑音が加法性を持つと仮定すると、観測信号 $x(t)$ は音声信号 $s(t)$ と雑音信号 $n(t)$ を用いて式 (5-1) で表すことができる。ここで、$x(t), s(t), n(t)$ は離散時間信号であり、t は離散時間のインデックスを表す。

$$x(t) = s(t) + n(t) \quad \cdots\cdots\cdots\cdots\cdots\cdots\cdots\cdots\cdots\cdots\cdots\cdots\cdots\cdots\cdots\cdots\cdots\cdots\cdots\cdots\cdots \text{(5-1)}$$

　プログラム 5.4 に音声信号と雑音信号の読み込みを行う例を示す。まず、あらかじめ音声信号（voice.wav）と雑音信号（noise.wav）を Google Drive にアップロードしておく。voice.wav は、サンプリング周波数 48,000Hz のモノラル信号であり、noise.wav はサンプリング周波数 44,100Hz のステレオ信号である。音圧は符号付き 16bit 整数に量子化されており、時刻 t における音圧が−32,768 から 32,767 の範囲で記録されている。①では、Google Colab に Google Drive をマウントし、あらかじめアップロードしておいた voice.wav と noise.wav にアクセスできるようにしている。librosa.load メソッドは、それぞれの信号を 22,050Hz にリサンプリングし、−1.0 から 1.0 の範囲の符号付き 32bit 浮動小数点数に変換して、モノラルで読み込みを行う。リスト s は音声信号、n は雑音信号の離散時系列データであり、変数 s_sr, n_sr は読み込み後のサンプリング周波数 22,050 を保持している。

プログラム 5.4

```
!pip install --upgrade librosa
import librosa
from google.colab import drive

# Google Drive をマウント
drive.mount('/content/drive') ───────────────────────────────────①

# 音声信号の読み込み
s, s_sr = librosa.load(
        '/content/drive/My Drive/voice.wav',sr=22050, mono=True)

# 雑音信号の読み込み
n, n_sr = librosa.load(
        '/content/drive/My Drive/noise.wav', sr=22050, mono=True)
```

　音声信号と雑音信号の時間長が異なる場合、時間長が短い信号にパディングを行い、時間長を揃える。まず、音声信号と雑音信号の時間長を確認してみよう。

プログラム 5.5

```
# 音声信号と雑音信号の時間長を確認
print(librosa.get_duration(s, s_sr)) #  6.81秒
print(librosa.get_duration(n, n_sr)) # 10.34秒
```

　プログラム 5.6 では、librosa.util.pad_center メソッドを用いて、音声信号の前後をゼロパディングし、音声信号の時間長を 6.81 秒から 10.34 秒に拡張している。

プログラム 5.6

```
# パディング
if len(n) < len(s):
    s = librosa.util.pad_center(s, len(n), mode='constant')
else:
    n = librosa.util.pad_center(n, len(s), mode='constant')
```

　音声信号と雑音信号を表示してみよう。librosa.display.waveplot メソッドを用いて簡単に波形を可視化できる。

プログラム 5.7

```
import librosa.display
import matplotlib.pyplot as plt

# 音声信号のプロット
plt.figure(figsize=(8, 3))
plt.subplot(1, 2, 1)
librosa.display.waveplot(s, s_sr)
plt.title('voice signal')
plt.ylabel('amplitude')
plt.ylim([-0.5, 0.5])

# 雑音信号のプロット
plt.subplot(1, 2, 2)
librosa.display.waveplot(n, n_sr)
plt.title('noise signal')
plt.ylim([-0.5, 0.5])
plt.tick_params(labelleft=False)

plt.tight_layout()
plt.show()
```

図5.2より、パディングした音声信号と雑音信号の時間長が同じであることがわかる。また、雑音信号の振幅は時間が経過しても著しい変化はなく、定常的であることが確認できる。

　音声信号と雑音信号を足し合わせて、観測信号を生成してみよう。プログラム5.8の変数 noise_rate は加算される雑音の音量をコントロールする係数であり、noise_rate＜1.0 とすることにより、観測信号に含まれる雑音の影響を小さくすることができる。ここでは、noise_rate を 0.5 として、雑音の音量を小さくしている。

プログラム5.8

```
# 観測信号（音声信号＋雑音信号）の生成
noise_rate = 0.5
x = s + noise_rate * n
```

　観測信号を表示してみよう。librosa.display.waveplot メソッドの引数に指定するサンプリング周波数は、音声信号のものを用いる。図5.3に表示例を示している。

プログラム5.9

```
# 観測信号のプロット
plt.figure(figsize=(8, 3))
librosa.display.waveplot(x, s_sr)
plt.title('observed signal')
plt.ylabel('amplitude')
plt.show()
```

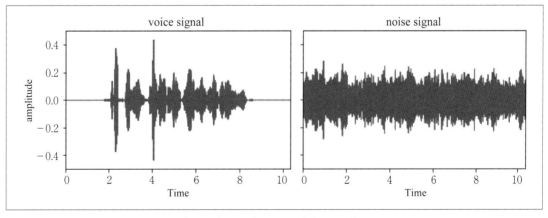

〔図5.2〕音声信号と雑音信号の波形

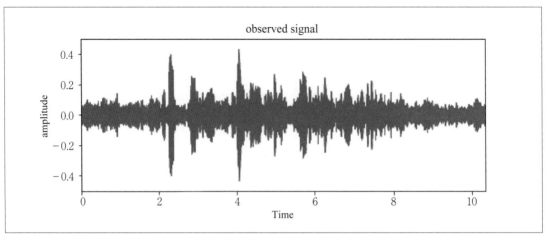

〔図 5.3〕観測信号の波形

　生成した観測信号を wav 形式で書き出し、聴取してみよう。プログラム 5.10 では、観測信号のファイル名を observed.wav とし、サンプリング周波数 22,050Hz、量子化ビット数 16bit で書き出している。

プログラム 5.10

```
import soundfile as sf

# 観測信号を wav 形式で書き出し
sf.write('/content/drive/My Drive/observed.wav', x, s_sr)
```

　生成した観測信号を聴くと、乗法的な歪みがなく、実際の雑音環境と同等の自然な音声が生成できていることがわかる。

5.4.3　スペクトルサブトラクションによる雑音除去

　本項では、スペクトルサブトラクションの理論とその実装について説明する。観測信号 $x(t)$ を**短時間フーリエ変換**（short-time Fourier transform）し、周波数領域で考えると、第 l フレームにおける f 番目の観測信号の複素スペクトル $X(l, f)$ は式 (5-2) で表すことができる。$S(l, f)$ は音声信号の複素スペクトル、$N(l, f)$ は雑音信号の複素スペクトルであり、f は離散周波数のインデックスである。

$$X(l, f) = S(l, f) + N(l, f) \quad\cdots\cdots\cdots\cdots\cdots\cdots\cdots\cdots\cdots\cdots\cdots\cdots\cdots\cdots (5\text{-}2)$$

　観測信号 $x(t)$ を短時間フーリエ変換し、複素スペクトル $X(l, f)$ を取得してみよう。プログラ

ム 5.11 〜 5.18 はスペクトルサブトラクションを実装した一連のファイルである。プログラム 5.11 の①では、librosa.stft メソッドを用いて、窓幅 2,048 点の窓関数（ハニング窓）を 512 点ずつシフトながらフレームを切り出し、各フレームに対して離散フーリエ変換を行っている。②では librosa.magphase メソッドを用いて、複素スペクトルから振幅スペクトル X_mag と位相スペクトル X_phase を抽出している。以降、観測信号の振幅スペクトル X_mag に対してスペクトルサブトラクションを行う。位相スペクトル X_phase は逆フーリエ変換で時間領域波形を得る際に用いる。

プログラム 5.11

```
!pip install --upgrade librosa
import librosa
from google.colab import drive

# Google Drive をマウント
drive.mount('/content/drive')

# 観測信号の読み込み
x, x_sr = librosa.load('/content/drive/My Drive/observed.wav', sr=22050, mono=True)

# 観測信号を短時間フーリエ変換
X = librosa.stft(x, n_fft=2048, hop_length=512) ──────────────① 

# 振幅スペクトルと位相スペクトルを抽出
X_mag, X_phase = librosa.magphase(X) ─────────────────② 

# 振幅スペクトルを dB スケールに変換
X_db = librosa.amplitude_to_db(X_mag)
```

　観測信号のスペクトログラムを表示してみよう。スペクトログラムは librosa.display.specshow メソッドを用いて簡単に可視化できる。

プログラム 5.12

```
import librosa.display
import matplotlib.pyplot as plt

# 観測信号のスペクトログラムをプロット
plt.figure(figsize=(8, 3))
librosa.display.specshow(X_db, x_axis='s', y_axis='hz')
plt.title('observed spectrogram')
plt.show()
```

　図5.4において、2〜8秒付近にある周波数軸方向に広がる縞模様の構造が音声のスペクトルであり、時間軸方向に定常的に広がる信号が雑音である。

　スペクトルサブトラクションは、観測信号の振幅スペクトル $|X(l, f)|$ から雑音信号の振幅スペクトルの平均値 $|\overline{N(l, f)}|$ を減算することで、音声信号の振幅スペクトルに対する推定値 $|\hat{S}(l, f)|$ を得る。

$$\left|\hat{S}(l, f)\right| = \left|X(l, f)\right| - \alpha \left|\overline{N(l, f)}\right| \quad \cdots\cdots\cdots\cdots\cdots\cdots\cdots\cdots\cdots\cdots\cdots\cdots \text{(5-3)}$$

式（5-3）の $\alpha(0 < \alpha < 1)$ は雑音信号の減算量をコントロールする係数であり、雑音の引き過ぎによる音声の劣化を抑制できる。雑音信号の振幅スペクトルの平均値 $|\overline{N(l, f)}|$ は、式（5-4）で求めることができる。M は雑音信号 $n(t)$ を短時間フーリエ変換した際の総フレーム数である。

$$\left|\overline{N(l, f)}\right| = \frac{1}{M} \sum_{l=0}^{M-1} \left|N(l, f)\right| \quad \cdots\cdots\cdots\cdots\cdots\cdots\cdots\cdots\cdots\cdots\cdots\cdots \text{(5-4)}$$

雑音除去を行う一般的な状況においては観測信号が得られるのみであり、雑音信号をあらかじめ入手できるとは限らない。ここでは、観測信号の開始1秒間は音声が無く雑音のみであると仮定し、雑音信号の振幅スペクトルの平均値 $|\overline{N(l, f)}|$ を得る。

　プログラム5.13は、雑音信号の振幅スペクトルの平均値 $|\overline{N(l, f)}|$ を求めている。①では、librosa.load メソッドを用いて観測信号ファイル（observed.wav）の開始0.1秒から1.1秒までの1秒間を雑音信号として読み込んでいる。次に、librosa.stft メソッドにより、読み込んだ雑音信号を短時間フーリエ変換し、librosa.magphase メソッドで振幅スペクトルを抽出している。②では、numpy.mean メソッドを用いて振幅スペクトルの周波数ごとの平均値を算出している。

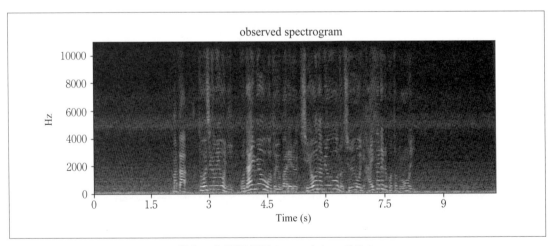

〔図5.4〕観測信号のスペクトログラム

プログラム 5.13

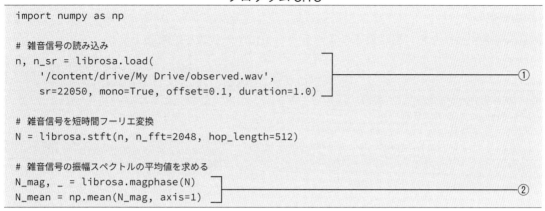

```
import numpy as np

# 雑音信号の読み込み
n, n_sr = librosa.load(
    '/content/drive/My Drive/observed.wav',
    sr=22050, mono=True, offset=0.1, duration=1.0)            ①

# 雑音信号を短時間フーリエ変換
N = librosa.stft(n, n_fft=2048, hop_length=512)

# 雑音信号の振幅スペクトルの平均値を求める
N_mag, _ = librosa.magphase(N)
N_mean = np.mean(N_mag, axis=1)                               ②
```

　プログラム 5.14 では、観測信号の振幅スペクトルから雑音信号の振幅スペクトルの平均値を減算し、音声信号の振幅スペクトルを得ている。音声信号の振幅が負数となる場合は 0 に置換し、その時刻の音量を無音としている。

プログラム 5.14

```
# 観測信号から雑音信号を減算
sub_rate = 1.0
S_mag = X_mag - sub_rate * N_mean.reshape(N_mean.shape[0], 1)

# 負数を 0 に置換
S_mag = np.maximum(0, S_mag)
```

　最後に、**逆短時間フーリエ変換**（inverse short-time Fourier transform）を行い、音声信号の振幅スペクトログラムの推定値 $|\hat{S}(l, f)|$ を音声信号 $\hat{S}(t)$ に復元する。このとき、真の音声信号 $s(t)$ の位相スペクトルは未知であるが、人間の聴覚は位相スペクトルの違いに鈍感である性質を利用し、観測信号 $x(t)$ の位相スペクトルを用いる。

プログラム 5.15

```
import soundfile as sf

# 逆短時間フーリエ変換
s = librosa.istft(S_mag * X_phase)

# 音声信号を wav 形式で書き出し
sf.write('/content/drive/My Drive/denoised_voice.wav', s, s_sr)
```

雑音を除去した音声信号のスペクトログラムを表示してみよう。図5.5のスペクトログラムは、観測信号のスペクトログラム（図5.4）より雑音成分が減少していることがわかる。しかし、雑音成分の引き残しや、引き過ぎによる音声の劣化があることが確認できる。

プログラム 5.16

```
# 音声信号のスペクトログラムをプロット
plt.figure(figsize=(8, 3))
S_db = librosa.amplitude_to_db(S_mag)
librosa.display.specshow(S_db, x_axis='s', y_axis='hz')
plt.title('voice spectrogram with spectral subtraction')
plt.show()
```

実際に音声信号を聴いてみると、ミュージカルノイズとよばれる雑音（ピロピロという音色が感じ取れる）が目立つ。このような信号の歪みは、音声認識等のアプリケーションにおいて悪影響を及ぼす場合がある。ミュージカルノイズを低減するため，次項では、スペクトルサブトラクションとウィナーフィルタを組み合わせた雑音除去（スペクトルサブトラクション型ウィナーフィルタ）を解説する。

5.4.4 スペクトルサブトラクション型ウィナーフィルタ

観測信号のスペクトル $X(l, f)$ に対し、雑音を除去するフィルタ $H(l, f)$ を適用し、音声信号のスペクトルの推定値 $\hat{S}(l, f)$ を得ることを考えよう。この処理は式 (5-5) で表すことができる。

$$\hat{S}(l, f) = H(l, f)X(l, f) \quad\cdots\cdots\cdots\cdots\cdots\cdots\cdots\cdots\cdots\cdots\cdots\cdots\cdots\cdots (5\text{-}5)$$

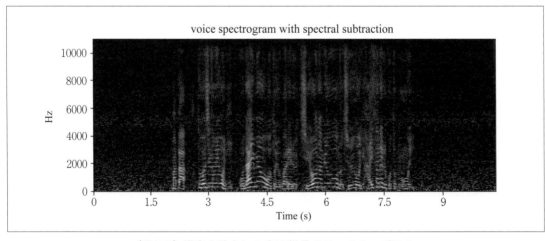

〔図 5.5〕雑音を除去した音声信号のスペクトログラム

音声信号のスペクトル $S(l,f)$ とその推定値 $\hat{S}(l,f)$ の誤差 $Error(l,f)$ は、式 (5-6) で表すことができる。

$$Error(l,f) = S(l,f) - \hat{S}(l,f)$$
$$= S(l,f) - H(l,f)X(l,f) \quad \cdots\cdots\cdots\cdots\cdots\cdots (5\text{-}6)$$

フィルタリングによる雑音除去は、音声信号のスペクトルとその推定値の平均二乗誤差が最小となるようなフィルタ $H(l,f)$ を見つけるという形で定式化できる。ここで、$E[]$ は期待値を表す。

$$E\left[\left|Error(l,f)\right|^2\right] = E\left[\left|S(l,f) - H(l,f)X(l,f)\right|^2\right] \quad \cdots\cdots\cdots\cdots\cdots (5\text{-}7)$$

式 (5-7) をフィルタ $H(l,f)$ で微分し、これを 0 とおくとき、式 (5-7) は $H(l,f)$ について最小化される。

$$\frac{\partial E\left[\left|Error(l,f)\right|^2\right]}{\partial H(l,f)} = H(l,f)E\left[\left|X(l,f)\right|^2\right] - E\left[X(l,f)S^*(l,f)\right] \quad \cdots\cdots\cdots\cdots (5\text{-}8)$$
$$= 0$$

式 (5-8) より、平均二乗誤差が最小となるフィルタは式 (5-9) で表すことができる。$S^*(l,f)$ は音声信号のスペクトルの複素共役を意味する。

$$H(l,f) = \frac{E\left[X(l,f)S^*(l,f)\right]}{E\left[\left|X(l,f)\right|^2\right]} \quad \cdots\cdots\cdots\cdots\cdots\cdots\cdots\cdots (5\text{-}9)$$

ここで、雑音信号と音声信号が無相関であると仮定すると、式 (5-9) の分子は式 (5-10) に変換できる。

$$E\left[X(l,f)S^*(l,f)\right] = E\left[(S(l,f) + N(l,f))S^*(l,f)\right]$$
$$= E\left[\left|S(l,f)\right|^2\right] \quad \cdots\cdots\cdots\cdots\cdots\cdots (5\text{-}10)$$

式 (5-10) と式 (5-2) を式 (5-9) に代入すると、式 (5-11) が得られる。

$$H(l,f) = \frac{E\left[\left|S(l,f)\right|^2\right]}{E\left[\left|S(l,f)\right|^2\right] + E\left[\left|N(l,f)\right|^2\right]} \quad \cdots\cdots\cdots\cdots\cdots (5\text{-}11)$$

このフィルタ $H(l,f)$ は、**ウィナーフィルタ**（Wiener filter）とよばれる。ここで、音声信号のパワースペクトル $|S(l,f)|^2$ および雑音信号のパワースペクトル $|N(l,f)|^2$ の真の値が得られることは稀であるため、それぞれのパワースペクトルの推定値を用いる。音声信号のパワースペクトルの推定値 $|\hat{S}(l,f)|^2$ は式 (5-3) を、雑音信号のパワースペクトルの推定値 $|\hat{N}(l,f)|^2$ は式 (5-4) を用いて算出する。

$$H(l,f) = \frac{\left|\hat{S}(l,f)\right|^2}{\left|\hat{S}(l,f)\right|^2 + \left|\hat{N}(l,f)\right|^2} \quad \cdots\cdots\cdots\cdots\cdots\cdots (5\text{-}12)$$

　音声信号のパワースペクトルの推定にスペクトルサブトラクションを用いた雑音除去フィルタは、スペクトルサブトラクション型ウィナーフィルタとよばれる。スペクトルサブトラクション型ウィナーフィルタは、シンプルなスペクトルサブトラクションよりもミュージカルノイズの発生を抑え音質の改善が期待できる。

　プログラム 5.17 は、スペクトルサブトラクション型ウィナーフィルタの適用例である。まず、①で雑音信号の振幅スペクトルにパディングを行い、音声信号の振幅スペクトルと同じシェイプに変換している。次に、②で式 (5-12) のウィナーフィルタ $H(l, f)$ を求め、これを式 (5-5) に代入し音声信号のスペクトルの推定値を算出している。最後に短時間逆フーリエ変換し、音声信号の波形を生成している。

プログラム 5.17

```python
# 音声信号と雑音信号の振幅スペクトルのシェイプを揃える
pad_width = S_mag.shape[1] - N_mag.shape[1]
N_mag = np.pad(N_mag, ((0, 0), (0, pad_width)), 'symmetric')          ①

# シェイプが同であることを確認
print(S_mag.shape) # (1025, 446)
print(N_mag.shape) # (1025, 446)

# ウィナーフィルタ
H = S_mag**2 / (S_mag**2 + N_mag**2)                                  ②
S_wiener = H * S_mag

# 逆短時間フーリエ変換
s_wiener = librosa.istft(S_wiener * X_phase)

# wav ファイルを書き出し
sf.write('/content/drive/My Drive/denoised_voice_wiener.wav', s_wiener, x_sr)
```

　音声信号のスペクトログラムを表示してみよう。スペクトルサブトラクション後のスペクトログラム（図 5.5）と、スペクトルサブトラクション型ウィナーフィルタを適用後のスペクトログラム（図 5.6）を比較してみると、2,000Hz 以下や 5,000Hz 付近の雑音成分を低減できていることがわかる。

プログラム 5.18

```python
# 音声信号のスペクトログラムをプロット
plt.figure(figsize=(8, 3))
S_wiener_db = librosa.amplitude_to_db(S_wiener)
librosa.display.specshow(S_wiener_db, x_axis='s', y_axis='hz')
plt.colorbar(format='%+2.0f dB')
```

```
plt.title('voice spectrogram with wiener filter')
plt.show()
```

　スペクトルサブトラクションおよびウィナーフィルタは、大規模な学習データを必要とせず、少ない計算量で高い雑音抑圧性能を達成できるため、音声を扱うアプリケーションの前処理として広く利用されている。しかし、近年発展している深層学習に基づく音声認識モデルにおいては、教師信号に雑音信号が含まれた状態で学習するものがあり、雑音除去することによる音声自体の劣化が、音声認識精度を下げるとの研究報告もある。また、雑音信号が定常的かつ音声信号と無相関であることを前提としている点にも注意が必要である。

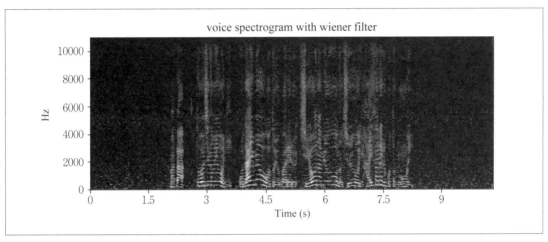

〔図5.6〕スペクトルサブトラクション型ウィナーフィルタにより雑音を除去した音声信号のスペクトログラム

5.5　調波打楽器音分離

　本節では、音楽データに対する前処理としての音源分離（audio source separation）技術について説明する。wav形式ファイルなどの音楽音響信号に対して機械学習を行う際、目的となる信号以外の不要な信号を雑音とみなして、あらかじめ分離しておきたい状況がある。たとえば、音楽から歌声だけを強調できれば、メロディを解析しやすくなるし、打楽器音だけを分離できればリズムの認識が容易になるだろう。人間が音楽を聴取する際も、これらの音源分離を無意識に行い、音楽を解釈していると考えられる。

　わたしたちが普段耳にするポピュラー音楽の多くは、調波音と非調波音から構成されている。調波音とは、ピアノやギターなど音高を感じることができる**基本周波数**（fundamental frequency）と、その整数倍の**倍音成分**（harmonics）から構成される**調波構造**（harmonic structure）をもつ音波である。非調波音とは、ドラムやシンバルなどの打楽器音や、弦楽器の弦を弾いた

瞬間のアタック音のように、明確な調波構造をもたない音波である。調波楽器音（ピアノ）と打楽器音（スネアドラム）のスペクトログラムを図5.7に示す。図5.7において、ピアノはA3（ラ）を1回打鍵し、スネアドラムは3回叩いている。

　調波楽器であるピアノは、A3の音高を感じとることができる220Hz付近に最も強いエネルギーがあり、その2倍の周波数の440Hz付近、3倍の660Hz付近というように、基本周波数220Hzの整数倍の周波数に強いエネルギーがある調波構造をもつことがわかる。一方、非調波楽器であるスネアドラムは、すべての周波数について均一にエネルギーが存在する、白色性（ザーという音色を感じる）をもつことが確認できる。基本周波数解析や和音認識などの音楽構造解析アルゴリズムにおいては、調波構造を推定することが基礎となるものが多いため、打楽器音の白色性はその性能を低下させる原因になる。

　音楽音響信号を調波楽器音と打楽器音に分離する技術が調波打楽器音分離である。調波音のスペクトログラムは時間軸方向に連続性が強く、打楽器音のスペクトログラムは周波数軸方向に連続性が強いという特徴を利用して、調波音と打楽器音を分離する。調波打楽器音分離には、非負値行列因子分解（non-negative matrix factorization; NMF）に基づく手法や深層学習に基づく手法があるが、本節では、計算量が少なく大規模な学習データを必要としないメディアンフィルタ（median filter）に基づく調波打楽器音分離について解説する。

　メディアンフィルタは、画像中のピクセルに対し、任意の大きさのカーネルを適用し、そのカーネル内のピクセル値の中央値を、そのピクセルの値とするものである。図5.8に3×3ピクセルのカーネルを用いたメディアンフィルタの適用例を示す。カーネル内の画素値をソートし、中央値（9個の数値をソートした5番目の値）である0.4をカーネル中心のピクセル値に採用している。周辺ピクセルの中央値を採用するメディアンフィルタは、画像中に単発的に発生する外れ値の除去に用いられる。メディアンフィルタに基づく調波打楽器音分離では、時間軸

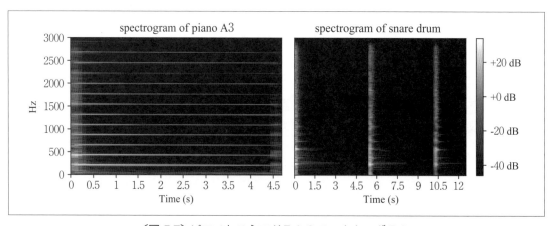

〔図5.7〕ピアノとスネアドラムのスペクトログラム

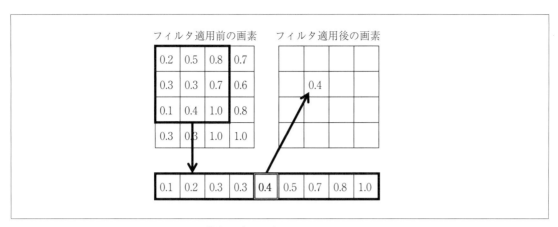

〔図 5.8〕メディアンフィルタ

方向あるいは周波数軸方向に対する 1 次元カーネルのメディアンフィルタを適用することにより、調波音と打楽器音を分離する。

　調波打楽器音分離は、観測信号 $x(t)$ が調波音信号 $h(t)$ と打楽器音信号 $p(t)$ の和となるように分離する。なお、t は離散時間のインデックスである。

$$x(t) = h(t) + p(t)$$ ·· (5-13)

式 (5-13) を短時間フーリエ変換し、周波数領域で考えると、第 l フレームにおける f 番目の周波数の複素スペクトル $X(l, f)$ は、式 (5-14) で表すことができる。$H(l, f)$ は調波音信号の複素スペクトル、$P(l, f)$ は打楽器音信号の複素スペクトルである。

$$X(l, f) = H(l, f) + P(l, f)$$ ·· (5-14)

　プログラム 5.19 の①では、観測信号として音楽解析ライブラリ librosa のサンプル曲（vibeace）を読み込んでいる。vibeace は調波楽器にビブラフォンとピアノを、打楽器にスネアドラム、バスドラム、シンバルを用いて演奏された楽曲である。②では librosa.stft メソッドにより観測信号 x を窓幅 2,048 点、シフト幅 512 点で短時間フーリエ変換し、振幅スペクトル X_mag と位相スペクトル X_phase を取得している。

プログラム 5.19

```
!pip install --upgrade librosa
import librosa

# 観測信号の読み込み
x, x_sr = librosa.load(librosa.example('vibeace'), sr=22050, mono=True) ────────①

# 短時間フーリエ変換
X = librosa.stft(x, n_fft=2048, hop_length=512)
X_mag, X_phase = librosa.magphase(X)                                    ────②
```

　次に、観測信号の振幅スペクトル $|X(l, f)|$ にメディアンフィルタを適用し、調波音の振幅スペクトル $|H(l, f)|$ および打楽器音の振幅スペクトル $|P(l, f)|$ を得る。式 (5-15) に調波音を分離するメディアンフィルタを、式 (5-16) に打楽器音を分離するメディアンフィルタを示す。

$$|H(l, f)| = median\{|X(l-i:l+i, f)|, i = (w-1)/2\} \quad \cdots\cdots\cdots\cdots\cdots\cdots\cdots\cdots\cdots\cdots (5\text{-}15)$$

$$|P(l, f)| = median\{|X(l, f-j:f+j)|, j = (h-1)/2\} \quad \cdots\cdots\cdots\cdots\cdots\cdots\cdots\cdots (5\text{-}16)$$

　調波音の振幅スペクトル $|H(l, f)|$ は、時間軸方向に連続性が高く、周波数軸方向に急峻である特徴より、幅 w、高さ 1 のメディアンフィルタを $|X(l, f)|$ に適用する。打楽器音の振幅スペクトル $|P(l, f)|$ については、周波数軸方向に連続性が高く、時間軸方向に急峻であることから、幅 1、高さ h のメディアンフィルタを適用する。メディアンフィルタのイメージを図 5.9 に示す。メディアンフィルタの幅 w および高さ h は中央値を定めやすいように奇数としている。

　プログラム 5.20 では、scipy.ndimage.median_filter メソッドを用いて、$|H(l, f)|$ および $|P(l, f)|$ を算出している。$|H(l, f)|$ に関するメディアンフィルタの幅は 31、$|P(l, f)|$ に関するメディアン

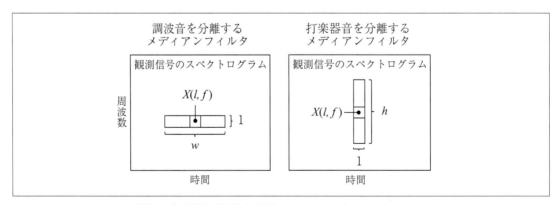

〔図 5.9〕調波打楽器音分離におけるメディアンフィルタ

フィルタの高さは 31 としている。

プログラム 5.20

```
import scipy

# メディアンフィルタ
H = scipy.ndimage.median_filter(X_mag, size=(1, 31))
P = scipy.ndimage.median_filter(X_mag, size=(31, 1))
```

ここで、調波音の振幅スペクトル $|H(l, f)|$ に対する雑音を $|P(l, f)|$ とみなせば、5.4.4 項で解説したウィナーフィルタを用いて音質の改善が期待できる。観測信号から打楽器音を除去するウィナーフィルタ $M_H(l, f)$ は式 (5-17)、式 (5-18) で表すことができる。

$$H_{wiener}(l, f) = M_H(l, f)X(l, f) \quad \cdots\cdots\cdots\cdots\cdots\cdots\cdots\cdots\cdots\cdots\cdots\cdots\cdots\cdots\cdots \quad (5\text{-}17)$$

$$M_H(l, f) = \frac{|H(l, f)|^2}{|H(l, f)|^2 + |P(l, f)|^2} \quad \cdots\cdots\cdots\cdots\cdots\cdots\cdots\cdots\cdots\cdots\cdots \quad (5\text{-}18)$$

同様に、打楽器音の振幅スペクトル $|P(l, f)|$ に対する雑音を $|H(l, f)|$ とみなせば、式 (5-19)、式 (5-20) のウィナーフィルタ $M_P(l, f)$ を定義できる

$$P_{wiener}(l, f) = M_P(l, f)X(l, f) \quad \cdots\cdots\cdots\cdots\cdots\cdots\cdots\cdots\cdots\cdots\cdots\cdots\cdots\cdots \quad (5\text{-}19)$$

$$M_P(l, f) = \frac{|P(l, f)|^2}{|H(l, f)|^2 + |P(l, f)|^2} \quad \cdots\cdots\cdots\cdots\cdots\cdots\cdots\cdots\cdots\cdots\cdots \quad (5\text{-}20)$$

プログラム 5.21 に、調波音のウィナーフィルタおよび打楽器音のウィナーフィルタを求める例を示す。

プログラム 5.21

```
# 調波音のウィナーフィルタ
M_H = H**2 / (H**2 + P**2)
H_wiener = M_H * X_mag

# 打楽器音のウィナーフィルタ
M_P = P**2 / (H**2 + P**2)
P_wiener = M_P * X_mag
```

分離した調波音と打楽器音を時間波形に変換してみよう。プログラム 5.22 では、スペクト

ルサブトラクション型ウィナーフィルタを適用した調波音の振幅スペクトル $H_{wiener}(l, f)$ と打楽器音の振幅スペクトル $P_{wiener}(l, f)$ に対して librosa.istft メソッドを用いて逆短時間フーリエ変換を行い、調波音信号 $h(t)$ および打楽器音信号 $p(t)$ を取得している。$h(t)$ と $p(t)$ の位相スペクトルは通常知り得ないため、観測信号の位相スペクトルを用いている。

プログラム 5.22

```
# 逆短時間フーリエ変換
h = librosa.istft(H_wiener * X_phase)
p = librosa.istft(P_wiener * X_phase)
```

　プログラム 5.23 に、スペクトルサブトラクション型ウィナーフィルタを適用した調波音と打楽器音のスペクトログラムを表示する例を示す。図 5.10 を見てわかるように、調波音のスペクトログラムは時間軸方向に連続的な成分を分離できており、打楽器音のスペクトログラムは周波数軸方向に連続的な成分を分離できていることがわかる。

プログラム 5.23

```
import librosa.display
import matplotlib.pyplot as plt
import numpy as np

# 調波音のスペクトログラムを表示
plt.figure(figsize=(8, 3))
plt.subplot(1, 2, 1)
h_db = librosa.amplitude_to_db(np.abs(H_wiener * X_phase))
librosa.display.specshow(h_db, x_axis='s', y_axis='hz')
plt.title('harmonic spectrogram')

# 打楽器音のスペクトログラムを表示
plt.subplot(1, 2, 2)
p_db = librosa.amplitude_to_db(np.abs(P_wiener * X_phase))
librosa.display.specshow(p_db, x_axis='s')
plt.title('percussive spectrogram')

plt.tight_layout()
plt.show()
```

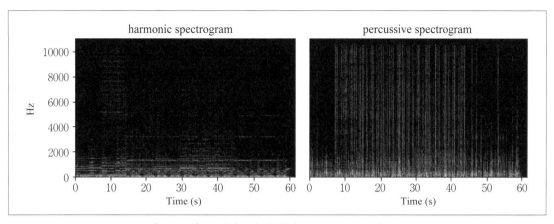

〔図 5.10〕調波音と打楽器音のスペクトログラム

　最後に、分離した調波音と打楽器音を wav 形式のファイルに書き出してみよう。プログラム 5.24 を実行すると、Google Drive に調波音の wav ファイル harm.wav および打楽器音の wav 形式ファイル perc.wav が生成される。それぞれのファイルをダウンロードして聴いてみよう。

プログラム 5.24

```
from google.colab import drive
import soundfile as sf

# Google Drive をマウント
drive.mount('/content/dirve')

# 調波音を wav 形式で書き出し
sf.write('/content/dirve/My Drive/harm.wav', h, x_sr)

# 打楽器音を wav 形式で書き出し
sf.write('/content/dirve/My Drive/perc.wav', p, x_sr)
```

　メディアンフィルタに基づく音源分離は、非負値行列因子分解や深層学習に基づく手法よりも分離精度が低く、人が長時間聴取するような状況には適さない。しかし、メディアンフィルタに基づく手法は、計算量が少なく、大規模な学習データを必要としないため、基本周波数解析や和音認識、ビートトラッキングなどの音楽構造解析の前処理として有用である。

索引

■ 著者紹介 ■

北 研二（きた けんじ）

1981 年、早稲田大学理工学部数学科卒業。現在、徳島大学大学院社会産業理工学研究部・教授。マルチメディア情報検索に関する研究に従事。博士（工学）

松本 和幸（まつもと かずゆき）

2008 年、徳島大学大学院工学研究科博士後期課程知能情報工学専攻修了。現在、徳島大学大学院社会産業理工学研究部・准教授。感情計算、自然言語処理に関する研究に従事。博士（工学）

吉田 稔（よしだ みのる）

2003 年、東京大学大学院理学系研究科博士課程情報科学専攻修了。現在、徳島大学大学院社会産業理工学研究部・講師。テキストマイニングに関する研究に従事。博士（理学）

獅々堀 正幹（ししぼり まさみ）

1993 年、徳島大学大学院工学研究科修士課程知能情報工学専攻修了。現在、徳島大学大学院社会産業理工学研究部・教授。マルチメディアデータ工学に関する研究に従事。博士（工学）

大野 将樹（おおの まさき）

2004 年、徳島大学大学院工学研究科博士後期課程知能情報工学専攻修了。現在、徳島大学大学院社会産業理工学研究部・講師。音楽情報処理に関する研究に従事。博士（工学）

●ISBN 978-4-904774-96-0

鹿児島大学　渡邊睦　著

設計技術シリーズ

ロボットセンサフュージョンの基礎と分析手法
～センサ情報の高効率な統合処理～

本体 4,500 円＋税

発行／科学情報出版（株）

●ISBN 978-4-904774-90-8　　　　　玉川大学　岡田 浩之　著

エンジニア入門シリーズ

ロボットプログラミング ROS2入門

本体 3,200 円 + 税

発行／科学情報出版（株）

●ISBN 978-4-904774-91-5

名古屋大学　大岡 昌博　著

設計技術シリーズ

ロボット用触覚センサの設計法
－実用ロボット・VR・触覚ディスプレイ開発へ向けて－

本体 4,500 円＋税

発行／科学情報出版（株）

● ISBN 978-4-904774-89-2　　　　芝浦工業大学　伊東 敏夫　著

設計技術シリーズ

自動運転のための
LiDAR技術の原理と活用法

本体 4,500 円 + 税

1．LiDAR採用への歴史

2．LiDARの構造

3．LiDARによる障害物認識

4．LiDARによるSLAM

5．LiDARの今後

発行／科学情報出版（株）

●ISBN 978-4-904774-99-1　　　東京都市大学 名誉教授　徳田 正満　著

基礎版／電磁環境工学からのステップアップ

EMC設計・測定試験ハンドブック

本体 5,400 円＋税

発行／科学情報出版（株）

●ISBN 978-4-910558-00-4　　　　　　　　日本大学　内木場 文男　著

設計技術シリーズ

ロボットプログラミング ROS2の実装・実践
－実用ロボットの開発－

定価3,520円（本体3,200円＋税）

発行／科学情報出版（株）

設計技術シリーズ

―Pythonでデータサイエンス―

AI・機械学習のためのデータ前処理［実践編］

2021年8月30日　初版発行

著　者	北 研二・松本 和幸・吉田 稔	©2021
	獅々堀 正幹・大野 将樹	
発行者	松塚　晃医	
発行所	科学情報出版株式会社	
	〒 300-2622　茨城県つくば市要443-14 研究学園	
	電話　029-877-0022	
	http://www.it-book.co.jp/	

ISBN 978-4-910558-01-1　C3055